No.5

顾问 史根东 刘德天 李兵弟 臧英年

美丽地球·少年环保科普丛书

淡水干涸的危机

叶槐 孙君 主编

编者 丁娟 人与 马向于 王晨琛 龙海铮 刘振 阮俊华 杨建南 张涓 陆宏 陈飞 陈开碇 陈耀祥 尚耀庭 封宁 郭耕 崔志如 崔晟

天不雨，河干枯，井无水，人类还能生存下去吗？

陕西出版传媒集团
陕西科学技术出版社

图书在版编目（CIP）数据

淡水干涸的危机 / 叶榄，孙君主编．—西安：陕西科学技术出版社，2014.1（2022.3 重印）
（美丽地球·少年环保科普丛书）
ISBN 978-7-5369-6025-1

Ⅰ．①淡… Ⅱ．①叶… ②孙… Ⅲ．①淡水资源—少年读物 Ⅳ．①TV211.1-49

中国版本图书馆 CIP 数据核字（2013）第 276730 号

淡水干涸的危机
叶 榄 孙 君 主编

出 版 人 张会庆
策　　划 朱壮涌
责任编辑 李 栋

出 版 者 陕西新华出版传媒集团 陕西科学技术出版社
西安市曲江新区登高路 1388 号陕西新华出版传媒产业大厦 B 座
电话（029）81205187 传真（029）81205155 邮编 710061
http://www.snstp.com
发 行 者 陕西新华出版传媒集团 陕西科学技术出版社
电话（029）81205180 81206809
印　　刷 三河市嵩川印刷有限公司
规　　格 720mm×1000mm 16 开本
印　　张 9
字　　数 118 千字
版　　次 2014 年 1 月第 1 版
2022 年 3 月第 3 次印刷
书　　号 ISBN 978-7-5369-6025-1
定　　价 32.00 元

序 言

水——是生命之源
不管是姹紫嫣红的花儿
繁茂多姿的树木
还是奔跑跳跃的动物
地球宠儿的人类
都离不开水
没有水,就不会有生命
而今
河水干枯
地下水枯竭
井水污染严重
拿什么来灌溉我们的庄稼
解除孩子的饥渴
如此下去,没吃没喝
人类还能生存多久

环保专家的肺腑之言

叶　榄 中国环保最高奖“地球奖”获得者，中华慈善奖获得者，中国十大杰出青年志愿者，中国十大当代徐霞客，“墨子绿色与和平奖”、“林则徐禁烟奖”发起人。

人与自然的和谐是绿色，人与人的和谐是和平！

孙　君 中国三农人物，中华慈善奖获得者，生态画家，北京“绿十字”发起人，绿色中国年度人物，“英雄梦 新县梦”规划设计公益行总指挥。

外修生态，内修人文，传承优秀农耕文明。

阮俊华 中国环保最高奖“地球奖”获得者，中国十大民间环保优秀人物，浙江大学管理学院党委副书记。

保护环境是每个人的责任与义务！让更多人一起来环保！

封　宁 中国环境保护特别贡献奖获得者，“绿色联合”创始人，中国再生纸倡导第一人。

保护森林，保护绿色，保护地球。

史根东 联合国教科文组织中国可持续发展教育项目执行主任，教育家。

持续发展、循环使用，是人类文明延续的根本。

杨建南 中国环保建议第一人。

注重于环境的改变，努力把一切不可能改变为可能。

聆听环保天使的心声

王晨琛 “绿色旅游与无烟中国行”发起人，清华大学教师，被评为“全国青年培训师二十强”。

自地球拥有人类，环保就应该开始并无终止。

张　涓 中国第一环保歌手，中华全国青年联合会委员，全国保护母亲河行动形象大使。

用真挚的爱心、热情的行动来保护我们的母亲河！

郭　耕 中国环保最高奖“地球奖”获得者，动物保护活动家，北京麋鹿苑博物馆副馆长。

何谓保护？保护的关键，不是把动物关起来，而是把自己管起来。

臧英年 国际控烟活动家，首届“林则徐禁烟奖”获得者。

中国人口世界第一，不能让烟民数量也世界第一。

崔志如 中国上市公司环境责任调查组委会秘书长，CSR 专家，青年导师。

保护环境是每个人的责任与义务！

陈开碇 中原第一双零楼创建者，中国青年丰田环保奖获得者，清洁再生能源专家。

好的环境才能造就幸福人生。

目录

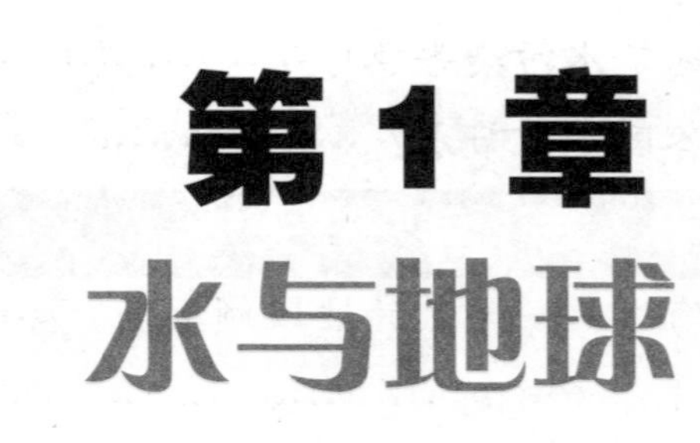

宇航员从太空中看到地球之后，会告诉我们，地球是一个非常美丽的蓝色星球。可是，为什么地球会是蓝色的呢？原来，地球上的水非常多，所有的水加在一起，占地球表面积的 3/4 还要多。

探索水对地球的重要性

课题目标

发挥你的聪明才智，寻找地球上水与生命的关系，了解水在人类文明的发展过程中起的作用。

要完成这个课题，你必须：

1.和家长、老师或者好朋友一起合作。

2.查阅资料，弄清水在生命起源中的作用。

3.借助书籍、电视、电影等资料，寻找地球古文明与水的关系。

课题准备

找到你的好伙伴，利用互联网、图书馆的资料，了解地球上的水；查阅地球四大文明古国，了解它们为什么被称为大河文明。

检查进度

在学习本章内容的同时完成这个课题。为了按时完成课题，你可以参考以下步骤来实施你的学习计划。

1.了解水的性质。

2.弄清水的重要性。

3.列出古文明与河流的关系。

4.向家长、老师或者同学讲述你了解到的有关水的小故事。

总结

本章结束时，总结你学到的有关水的知识。

没有水，世界是什么样？

延伸阅读

好莱坞有一部叫作《末日危途》的电影，描写了在未来，由于地球上失去了水，生存环境极度恶化，很多生命都不复存在。相信那样的情景，在现实生活中是任何人都不想经历的。

每天我们都会用到水，水是我们生活中的亲密伙伴。可是如果有一天，地球上的水突然全部消失，地球变得干涸，世界会是什么样的呢？打开想象的翅膀，进入我们的故事中来吧。

我们来到了大自然，可是这里已经看不到一点绿色，地上积满沙尘，四周一片死寂；农夫种植的小麦、稻谷和瓜果蔬菜因为没有水的灌溉，全都枯萎了；池塘里，昔日平静而迷人的水面已经消失，只剩下奄奄一息的鱼儿在痛苦地挣扎着；曾经郁郁葱葱的森林，如今只剩下干结的黄土裸露着，干枯的树枝上，小鸟嘶哑的叫声令人潸然泪下；空旷的田野上，狂风席卷着漫漫黄沙，铺天盖地地向村庄和城市扑来。

我们来到了城市里，因为没有水，一切生产都无法进行，所有的工厂都停产了。工人们拖着沉重的脚步回到家中，没有水可以冲去一身的疲惫，也没有水能够润一润烟熏火燎的喉咙；房间的角落里，小狗绝望的呜咽声让人心如刀绞。大街上，人们一个个面色枯黄、骨瘦如材，干裂的嘴唇再也无法绽放欢乐的笑容；因为没有水，疾病肆虐、瘟疫蔓延，医院的病房里挤满了备受病痛折磨的病人，撕心裂肺的哭声让人感到无比悲伤。

我们又来到了广阔的南极冰川，让人意想不到的是，由于气温升高，这里的冰川已经消失得无影无踪。曾经被厚厚的冰川包裹的格林兰岛，变成了一望无际的荒漠，那些可爱的企鹅和北极熊变成了累累白骨。太阳酷烈地炙烤着地面，气温从零下 40℃上升到了 50℃，“寒冷”这个字眼，已经彻底地从地球上消失了。

荷兰水利学家戴尔斯曾说："水是生命的源泉，繁荣的信使，幸福的根子。"正如我们所了解的，动植物需要水，人类的生产生活也需要水。

水，是人类的血液，是一切生命的源泉。有了水，万物才能生存发展；有了水，人类才能得以生存延续。从现在开始，让我们珍惜每一滴水吧！

水是生命的保障

尽管陆生生物并不像水生生物那样一刻也无法离开水环境，但同样离不开水的摄入和补充。世界上所有生物的体内，都存在一个小的水环境，它们维持着生物各项生理功能的正常运转，是一切生命赖以生存的最基本保障。

以人类为例，水的总含量约占人体体重的2/3。假如一个人的体重是60千克，那么水就有40千克。水广泛分布在人体的各个器官、组织和体液中，其中皮肤大约含有65%的水，肌肉含有将近75%的水，而血液的含水量就达到了80%以上，就连人体最坚硬的骨骼里，也含有近20%的水分。

人类所有的生命活动如血液循环、消化吸收、新陈代谢以及物质交换与组织的合成等，都需要水的参与才能完成。在心脏强有力的推动下，血液把人体所需要的各种营养成分输送到身体的各个部分和器官，维持着生命的正常运转。在肠道中，水是运转食糜的中间载体，同时也是细胞、血液、分泌物和排泄物的媒介。人体温度的恒定与水有着密切的关系：气温较高时，人体就会通过出汗的方式来散发热度，从而调节体温，使得体温保持在健康的范围内。水还是良好的溶剂，能将人体中的有毒物质

溶解在水中，随水排出体外。此外，水还具有润滑作用。人体就像一部精密的机器，凡是能够活动的地方都需要润滑，而水分恰好就起到了润滑剂的作用，它能够减弱人体各部分关节的摩擦力，保护骨骼，让我们运动的时候保持轻松自由的状态。同时，它还时时刻刻滋润着人们的皮肤、黏膜和眼睛，让人类免受干燥的侵袭。

由此可见，水对人体是多么的重要。及时地补充水分对人来说是十分重要的，当我们的身体失去8%的水分时，就会感到口干舌燥或发高烧、生病；失水超过20%时，就会危及生命，出现休克甚至死亡。人在不吃食物的情况下，生命能维持大约3周的时间，但是如果滴水不进，不到一周就会死亡。没有水就没有生命，地球上的一切生命活动都是以水为中心来进行的。水是生命之源。

延伸阅读

最耐渴的动物是什么？

一提到地球上最耐渴的动物，很多人都会想起骆驼。骆驼因为非常耐渴，可以很多天不吃不喝，所以被称为沙漠之舟。但其实地球上最耐渴的动物不是骆驼，而是生活在撒哈拉大沙漠的弯角大羚羊。这种奇特的动物在10个月的时间内不喝一滴水，还能生存下来，真可以算是生命的奇迹。

黄河名字的由来

古代的黄河，河面宽阔，水量充沛，水流清澈。我国最古老的字书《说文解字》中称黄河为“河”，最古老的地理书籍《山海经》中称黄河为“河水”，《水经注》中称其为“上河”，《汉书·西域传》中称之为“中国河”，《尚书》中称之为“九河”，《史记》中称之为“大河”。到了西汉，由于河水中的泥沙含量增多，有人称它为“浊河”或“黄河”，但未被普遍认可，直到唐宋时期，“黄河”这一名称才被广泛使用。

文明的血脉

漫长的人类发展史中，水始终扮演着不可或缺的角色，直到今天，地球上几乎所有的大城市都依河而建，逐水而居。因为交通和灌溉的便利，河流自古以来就是人类文明的发祥地，一条绵延不绝的河流，就是一方生生不息的文明。四大文明的发源地均与水有关，也从另一方面说明了人类的生存、发展离不开水。

大约在 180 万年前的旧石器时代，我们的祖先就在黄河流域生息繁衍。当时的黄河流域气候适宜，有着充足的雨量和繁茂的植被。人们在肥沃的河滩上耕种，在茂密的丛林中狩猎，在广阔的河流中捕捞，大自然给人类提供了富足的衣食之源，为文明的发展奠定了坚实的物质基础。

古两河流域文明又叫美索不达米亚文明，是底格里斯河、幼发拉底河流域的文明，大约出现在公元前 2500 年。与附近区域相比，美索不达米亚文明平原土地肥沃，雨量充沛，是一个非常适合种植农作物的地区。苏美尔人在美索不达米亚南部开挖水渠，建成了一个四通八达的灌溉网，十分有效地对底格里斯河、幼发拉底河的河水进行治理和利用，后来，又在这里形成了人类历史上第一个文明——古两

河流域文明。古代的美索不达米亚人不但发明了楔形文字，还制定了全世界第一部健全的法典——《汉谟拉比法典》。直到现在，两河流域文明依然是世界上一颗璀璨的明珠。

400多万年前，地壳运动形成了东非大裂谷。裂谷的东部逐渐向上升高形成平原地带，我们的祖先就诞生在这块神奇的土地上。在裂谷的低洼地带，众多大小不一的湖泊蜿蜒向外流出，汇聚成了世界上最长的河流——尼罗河，并最终注入北部的地中海。尼罗河频频暴发洪水，每次洪水经过之外，都会留下很多上游的泥沙和腐殖质，这些是种植农作物的天然养料。农民们在河流的两岸种植了多种农作物，大大地促进了农业的发展。古埃及人在尼罗河三角洲上创造了丰硕的文明成果，尼罗河是古埃及文明诞生的摇篮。古希腊史学家希罗多德说："尼罗河是神赐予人类的礼物。"

古印度河流域是世界上最早使用棉花织布的地区。古印度文明主要是农业文明，这里丰沛的淡水资源和温暖的气候条件使印度次大陆北部成为最适合人类居住和耕种的地带。同时，古印度文明在哲学、宗教、文学等方面也都对人类社会作出了不可估量的贡献。

水的故事

上善若水，厚德载物

在《老子》中，有这样一段话："上善若水。水善利万物而不争，处众人之所恶，故几于道。居善地，心善渊，与善仁，言善信，政善治，事善能，动善时。夫惟不争，故无尤。"这句话从字面上看很简单，"上善"是指最好，"上善若水"就是最好的为人处事之道就应该像水一样。在这里老子对水给予了极高的评价，并将此作为一种理想化的处事原则。

水具有怎样的品性呢？孔子说，水具有五种美德：一是它有德，水川流不息，无私地滋养着大地上的一切生物，却从来不求任何回报；二是它有义，"水往低处流"，谦卑不狂妄，遵循自然规律；三是它有道，浩浩荡荡，永无穷尽；四是它有勇，毫无畏惧地流向百丈山涧；五是它守法度，任凭高低不平，随遇而安。

水能载舟，亦能覆舟

熟悉中国历史的人，都知道"水能载舟，亦能覆舟"这个成语。它字面

的意思不难理解：水有浮力，所以能载舟行船；可是一旦风大浪大，也能将舟船淹没。

这个成语还有个故事：有一天，唐太宗李世民和魏征研究治国之道。李世民问道："隋朝为什么会走上灭亡之路？"魏征答道："它失去了民心。"李世民又问："皇上与臣民是什么样的关系？"魏征说："皇上就像一艘大船，臣民就是汪洋之水。起风的时候，大船可以在水中乘风航行；但是，水也能将船淹没。"唐太宗李世民正是因为听取了魏征"水能载舟，亦能覆舟"的忠告，最终得以实现中国历史上的"贞观之治"。而千百年来的历史变迁也在不断地证明着这个道理：凡是顺应民心，施行仁德的贤明之君，都能让国家繁荣昌盛，百姓安居乐业；反之，逆民心而行，必将走向灭亡。

不积小流，无以成江河

地面上大大小小的河流不断地汇集，最终形成了大河和海洋，这是自然界中十分常见的现象。但荀子却从中认识到了做事和读书的道理：一个人的力量是微不足道的，人们只有像江海湖泊一样，用广阔的胸怀和谦虚的态度去海纳百川，充分地汲取外部的知识和信息，才能成为令人敬仰和尊敬的人。

水与农业的历史

植物生长离不开水。人类的古老文明大多是农业文明，所以用水的历史在某一方面代表了文明的历史。让我们来看看世界上有哪些进步的用水技术吧。

公元前 3000 年，中国发明了水稻种植技术，修建了水田。

公元前 2000 年，埃及人发明了一种叫作桔槔的工具，从河里提水灌溉农田。

公元前 700 年，亚述人修建了一条 10 千米长的运河，用来灌溉首都周围的果树和棉花。

公元 500 年，阿兹特克人已经可以把沼泽的水排干，用它来种植玉米。

公元 1870 年，美国的移民开始利用风车技术提取地下水进行农田灌溉。

公元 1990 年，沙漠地区的以色列人发明了用滴灌的方法种植作物，大大节约了农业用水。

我是小小水专家

1.我不了解水的重要性。

□是　□不是

2.我一点也不了解水和人类文明之间的关系。

□是　□不是

3.我能说出4个跟河流有关的人类古文明。

□是　□不是

4.我明白水对现代工业和农业的重要性。

□是　□不是

5.我知道3个以上的有关水的故事。

□是　□不是

6. 了解水在生态系统中的作用。

□是　□不是

7. 不明白为什么海洋会被称为生命的摇篮。

□是　□不是

8. 一点也不了解哪些动物耐渴。

□是　□不是

9.我能说出三种最耐旱的植物。

□是　□不是

10. 向家人或朋友讲解过环保知识。

□是　□不是

题目	是	不是
1	0分	+10分
2	0分	+10分
3	+10分	0分
4	+10分	0分
5	+10分	0分
6	+10分	0分
7	0分	+10分
8	0分	+10分
9	+10分	0分
10	+10分	0分

总分在60分以下的同学：看来你平常没有了解过我们身边的水。要加强这方面的知识哦！

总分在60～80分的同学：你对水还是比较了解的，但是，主动性明显不够。建议多多主动地了解水的知识。

总分在90分以上的同学：恭喜你，达到优秀成绩哇！你是小小水专家！

水的重要性

你知道水的
重要性吗？

当然知道！

那你说说
水有哪些
重要性。

……
没有水就
没法吃冰
糕了！

耐渴的动物

骆驼是最
耐渴的动
物！

不对！书上
说弯角大羚
羊最耐渴。

书的作者
一定是骗
子！

是你出版
的书啊！

迷路

这里的
风景真
不错！

景色秀美，山
清水秀……

这里像天堂一样
让人流连忘返。

不是忘返，而是我
们迷路了……

黄河的名字

黄河的名字是
怎么来的？

以前，河边
有个黄家
庄……

黄家庄里有个姑
娘叫黄河……

黄河不是因为
水浑浊才叫这
个名字的吗？

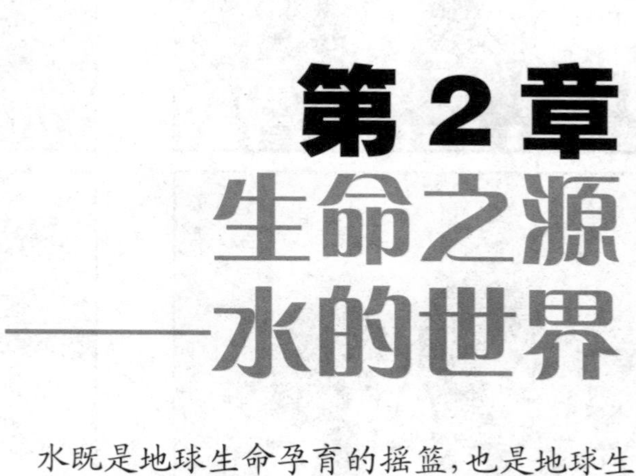

第2章 生命之源——水的世界

水既是地球生命孕育的摇篮，也是地球生命力源源不断的源泉。地球上的水可以说是另外一个世界。你了解水的世界吗？你知道它都有哪些特性吗？如果没有这些性质，它还能被称为生命之源吗？

充分了解水的特性

课题目标

发挥你的聪明才智，学习水的性质，了解水的这些特性有什么样的特殊用途。

要完成这个课题，你可以：

1. 查阅资料，了解一下科学家们为了解释地球上的水的来源，提出的各种学说，这些学说都能解释什么样的问题，缺陷在哪里以及被人们认可的程度。

2.了解水的性质。

3.请老师和同学们一起，设计小实验。

课题准备

可以与你的好朋友一起上网了解相关知识，查阅相关学说，了解这些学说提出的背景以及提出的专家。

检查进度

在学习本章内容的同时完成这个课题。为了按时完成课题，你可以参考以下步骤来实施你的计划。

1.水的来源有哪些？你比较认可哪一种？

2.跟老师、同学、家长讨论地球上的水的形成学说。

3.了解地球上的水。

总结

本章结束时，你可以找一张纸，写下你对水的所有了解。

水是从哪里来的?

当我们打开世界地图或者面对地球仪时，呈现在我们面前的大部分面积都是蔚蓝色的海洋。从太空中看地球，我们居住的地球是一个椭圆形的，极为秀丽的蔚蓝色球体。水是地球表面数量最多的天然物质，覆盖了地球71%以上的面积。地球是一个名副其实的蓝色水球。也许有人会问：浩瀚的大海、奔腾不息的河流、烟波浩淼的湖泊、奇形怪状的万年冰雪，还有那地下涌动的清泉和天上的雨雪云雾，这么多的水是从哪里来的？地球上本来就有水吗？

其实，大约46亿年前原始地球诞生时，既没有河流、没有海洋，也没有生命，它的表面是干燥的，大气层中也很少有水分。那么如今这些水究竟都是从哪里来的呢？

我们知道，地球是由太阳星云分化出来的星际物质聚合而成的，它的基本组成有氢气、

延伸阅读

地球上的水来自哪里？科学家认为可能有两个途径：除了来自地球内部以外，来自太空中的彗星也是非常重要的一个途径。

美国宇航局的科学家发现：地球平均每分钟会有20颗冰雪性质的小彗星进入地球大气层，这些小彗星的直径大约有10米，可以释放约100吨的水。地球形成已经有38亿年的历史了，小彗星不断地给地球提供的水分，成为地球上水体的重要组成部分。

氮气，以及一些尘埃。地球刚形成时，结构松散，质量不大，引力也小，温度很低。后来，由于地球不断收缩，内核放射性物质产生能量，致使地球温度不断升高，有些物质慢慢变暖熔化，较重的物质，如铁、镍等聚集在中心部位形成地核，最轻的物质浮于地表。随着地球表面温度逐渐降低，地表开始形成坚硬的地壳。但因为地球内部温度很高，岩浆活动非常激烈，火山爆发十分频繁，地壳也不断发生变化，有些地方隆起形成山峰，有的地方下陷形成低地与山谷，同时喷发出大量的气体。地球体积不断缩小，引力则随之增加。此时，这些气体已无法摆脱地球的引力，从而围绕着地球，构成了“原始地球大气”。

原始大气由多种成分组成，水蒸气便是其中之一。可水蒸气又是从哪儿来的呢？组成原始地球的固体尘埃，实际上就是衰老了的星球爆炸而成的大量碎片，这些碎片多是无机盐之类的东西，在它们内部蕴藏着许多水分子，即所谓的结晶水合物。结晶水合物里面的结晶水在地球内部高温作用下离析出来就变成了水蒸气。喷到空中的水蒸气达到饱和时便冷却成云，变成雨，落到地面上，聚集在低洼处，逐渐积累成湖泊和河流，最后汇集到地表最低区域形成海洋。

地球上的水刚开始形成时，不论湖泊或海洋，其水量都不是很多，但随着地球内部产生的水蒸气不断被送入大气层，地面水量也不断增加。经历几十亿年的地球演变过程，最终形成了我们现在看到的江河湖海。

水的特性

老子的《道德经》里面说，世上的万事万物，芸芸众生都离不开水，水能生育万物，滋养人类。无水，则不能产生生命世界；无水，自然界的任何生命都不能生存。既然水与我们的生存息息相关，那么，水到底有什么特性呢？

水是地球上在普通条件下唯一能以三种不同的状态存在的物质，即固体、液体和气体，这三种状态又称作水的三相。日常生活中，我们将标准大气压下 0℃称为冰点，低于这一温度，水就由液态变成固态，称为结冰；高于这一温度，水就由固态变成液态，称为融化。将 100℃称为水的沸点，低于这一温度，水就由气态变成液态，称为凝结；高于这一温度，水就由液态变成气态，称为气化。此外，水从固态变化到气态，也不一定要经过液态的阶段，在低于 4.5 毫米汞柱的极低压力下，水会在固态和气态间直接转换。在地表绝大部分地区，温度和压力都会使水主要以液态的形式存在。

水在什么情况下会热缩冷胀？

所有的物体都有热胀冷缩的性质，我们平时看到水也是这样：热的水会比冷的水体积大一些。如果我们把水的温度一直降低的话，水的体积会一直缩小吗？事实上不是的。当水在正常的大气压下，温度降低到 4℃时体积最小，可当温度继续降低时，它的体积就会慢慢增大，变成冰的时候，体积变大得最明显。

正是因为这一特性，水才能滋润万物，造就生命。

与其他物质相比，水的热容性较大，是同等体积空气热容的 3500 倍。水的热容性是因为水分子之间有许多的引力，其他物质如空气，它们分子间的引力要小得多，在同样受热的条件下，它们的温度要比水升得快。因此，自古在民间就有“早穿棉袄午穿纱”的说法。此外，水的热容性还会使其受热时缓慢升温，不受热时缓慢降温，起到“天然空调”的作用。

日常生活中，我们经常会看到这样的现象，如一些昆虫能够将四肢平铺在池塘的水面上滑行而不沉入水底， 有时我们也可以将一枚硬币轻轻地放于水面之上。这些现象都是因为它们受到水的表面张力的支撑，同时水对一般固体表面的附着力也较大，在附着力和表面张力的共同作用下，就表现出异常的毛细、润湿、吸附等特性。

硬水与软水

看起来一样的水，为什么有的感觉厚重，有的感觉柔和呢？你有过这样的经历吗？喝国外的矿泉水的那一瞬间，你会惊奇地发现，它和我们平时喝的水不一样，有一种厚重的感觉。你知道其中的奥秘在哪里吗？

感觉不一样，那是因为水有软、硬之分。一般硬度低的水感觉柔和、容易饮用。相反，硬度高的水因为含的矿物质浓度较高，就会感觉厚重，比较难喝。

水的硬度是指溶解在水中的盐类物质的含量，即钙盐与镁盐含量的多少。含量多的硬度大，反之则小。GPG 为水硬度单位，1GPG 表示 1 加仑水中硬度离子(钙镁离子)含量为 1 格令。按美国 WQA(水质量协会)标准，水的硬度分为 6 级：0~0.5GPG 为软水，0.5~3.5GPG 为微硬，3.5~7GPG 为中硬，7~10.5GPG 为硬水，10.5~14GPG 为很硬，14GPG 以上为极硬，

一般来说，天然水是指渗入地下的雪水和雨水在地层中过滤了污物、杂质，同时吸收了矿物质的成分，然后涌出地面的水。地层中含钙和镁的成分越多、水在地层中渗透的时间越长，越容易形成硬

水。日本国土狭小，水在地层中渗透的时间短，所以软水居多；而欧洲大陆等地的硬水较多。

泡茶用什么样的水最好？

中国人喜欢喝茶，而泡茶又最讲究用水。那么，什么样的水泡茶最好呢？泡茶最好的水是水质纯净无污染、硬度比较低的软山泉水。这些水经过沙石的天然过滤，水质稳定，味道甘美。但是随着污染的加剧，要想找到适合泡茶的山泉水却是越来越难。

目前中国市场上销售的矿泉水绝大多数属硬水(部分是人工添加矿物质的硬水)，矿物质含量高，冲奶粉容易引起体内结晶、便秘等症状，因此，冲调婴儿奶粉、泡茶、煮咖啡应以使用软水最佳。

软水本身具有促进细胞组织再生的作用，含有大量人体生成骨胶原时所必需的微量元素——硅。硅元素是人体骨骼、关节、血管、皮肤、毛发、指甲生长所必不可少的营养成分。年轻人由于饮食量较大，可以大量摄取硅元素，具备较强的肉髯性、弹性，保持毛发的柔软、光泽以及强健的筋骨。老年人饮食量减少，硅元素的摄入量也相应减少，皮肤因此失去光泽和弹性，皱纹增多，毛发变枯糙，骨骼变脆容易骨折，此时需要积极摄入硅元素以延缓衰老。

延伸阅读

水是世界上最廉价、最有治疗力量的奇药。感冒、发热时，多喝开水能帮助发汗、退热、冲淡血液里细菌所产生的毒素；同时，使小便增多，有利于加速毒素的排出。

水的影响

水在我们的日常生活中起着举足轻重的作用，生活用水、饮用水都离不开水的存在。水无时无刻不影响着我们的生活。既然水有着如此重要的地位，那么水又是从哪些方面影响我们的生活的呢？今天我们一起来认识一下。

对气候的影响

水对气候具有调节作用。大家都知道，地球具有强大的辐射力，大气中的水汽能阻挡地球辐射量的 60%，保护地球不至于冷却。海洋和陆地水体在夏季能吸收和积累热量，使气温不至于过高；在冬季则能缓慢地释放热量，使气温不至于过低。

此外，在自然界中，由于气候条件的不同，水还会以冰雹、雾、露水、霜等形态出现并影响气候和人类的活动。

对地理的影响

地球表面有71%的面积被水覆盖，水通过它的强大的侵蚀作用，侵蚀岩石土壤，冲淤河道，搬运泥沙，营造平原，改变着地球表面的形态。

对生命的影响

我们一直都在说水是生命的源泉，人对水的需要仅次于氧气。人如果不摄入某一种维生素或矿物质，也许还能继续活几周或带病活上若干年，但如果没有水，却只能活几天。那水对生命有什么作用呢？

1.人的各种生理活动都需要水，水在血管、细胞之间川流不息，把氧气和营养物质运送到组织细胞，再把代谢废物排出体外。总之，人的各种代谢和生理活动都离不开水。

2.水是体内的润滑剂，它能滋润皮肤。皮肤缺水，就会变得干燥，失去弹性，显得面容苍老。体内的一些关节囊液、浆膜液可使器官之间免于摩擦受损，且能转动灵活。

3.水和农业的发展。早在我国古代，人类在田沿筑起田埂以防止田内的水土流失，以保证水稻等农作物的生长环境，提高农作物的产量。

饮水健康要知道

三大主要饮用水

饮用水是按照世界卫生组织所提供的标准制定的，它的包括了微生物的分量及多达几十种矿物质的分量。自来水：自来水中所含的矿物质不如矿泉水，不过，自来水中含有氯和氟化物。氯能杀菌，氟化物可以预防蛀牙。新加坡是世界上拥有最安全食水的国家之一。

蒸馏水：蒸馏水是经过人工净化的水，纯度达99.9%，但是水中的矿物成分已微不足道。这种“纯水”在人体内只是很单纯地担任运输的工作，比如将细胞组织所拒绝的东西带出体外。

矿泉水：矿泉水是指源于地下，自然涌出或由人工抽取的天然水源，包含丰富的铁质、钙质、钠和镁。一般而言，纯粹从地底涌出，不需人为加工、滤净水质的水才可称为天然矿泉水。如果是人工抽取地下干净的水源，经过适度灭菌处理的水，则称为一般矿泉水。

不适合饮用的水

生水：“生水”即自来水，应尽量避免饮用。因为卫生水准的不同，有些自来水中含有各种有害细菌、病毒和人畜共患的寄生虫。

老化水：俗称“死水”，也就是长时间贮存不动的水。常喝这种水，对未成年人来说，会影响身体的生长发育。

千滚水：千滚水就是在炉上沸腾了一夜或很长时间的水，还有就是在电热水壶中反复煮沸的水。经常喝这种水，会影响胃肠功能，出现暂时腹泻、腹胀等不适症状。

为什么把黄河称为母亲河

我们一直把黄河称为母亲河,是因为它是华夏文明的发源地。

150 万年前，西候度猿人在现今山西省黄河边的芮城县境内出现，其后,100 万年前的蓝田猿人和 30 万年前的大荔猿人出现在黄河岸边生活繁衍,继续为黄河文明的诞生默默耕耘。

由于气候温和,水文条件优越,有利于农作物生长,7 万年前的山西襄汾丁村早期智人,3 万年前的内蒙古乌审旗大沟湾晚期智人,便定居在这里,奏响了古老黄河文明的序曲。

距今 7000~10000 年前的细石器文化遗址、3700~7000 年前的新石器文化遗址、2700~3700 年前的青铜器文化遗址和出现于公元前 770 年的铁器文化遗址等几乎遍布黄河流域。从中石器时代起,黄河流域就成了我国远古文化的发展中心。燧人氏、伏羲氏、神农氏创造发明了人工取火技术、原始畜牧业和原始农业,拉开了黄河文明发展的序幕。

中国文明初始阶段的夏、商、周 3 代以及后来的西汉、东汉、隋、唐、北宋等几个强大的统一王朝,其核心地区都在黄河中下游一带;反映中华民族智慧的许多古代经典文化著作,也产生于这一地区;火药、指南针、造纸术、印刷术,唐诗、宋词、元曲是黄河文明中闪闪发光的瑰宝。这些发明创造和科学成就不仅推动了中国的发展,而且传播到世界各地,促进了全人类的进步。

黄河孕育了中华文明,哺育了中华儿女。人们常说黄河是中华民族的摇篮,是中华民族的母亲河,其意义就在这里。

喝药水

这水不能喝！

为什么别人能喝我就喝不得？

你这是歧视！

那是药水。你没病喝药水做什么啊？

谁是后妈

黄河是母亲河吗？

那长江是父亲河吗？

黄河、长江都是华夏文明的母亲河！

两个母亲啊，哪个是后妈啊？

顶砖

……

你拿砖
干什么？

老师问我
知道鸭子
喜欢在哪
里生活吗？

哦，原来你不
知道答案要
顶砖！

水从哪儿来？

知道水是从哪
里来的吗？

什么水？
咱家喝
的水。

这么简单的问
题也问我？

咱家的水
都是我拿
钱买来的！

第3章 水的大家庭

水对地球上的生命非常重要，它是生命的起源，也是文明的发源地。没有水，地球上就不会有生命，更不会有灿烂的人类文明。那么水在地球上是以什么样的特征存在，它的大家庭中又有哪些重要的成员呢？

了解水的家庭成员

课题目标

水在地球上以不同的形式和状态存在着。了解不同的水体特征,了解它们的名字为什么会不同。

课题准备

通过网络和书籍,了解地球上都有哪些水体,它们的特征和特点是什么。

检查进度

在学习本章内容的同时完成这个课题。为了按时完成课题,你可以参考以下步骤来实施你的计划。

1.说出“海”和“洋”的区别。

2.说出你最喜欢的湖泊的名字,并把它们的特点列出来。

3.你知道世界上有哪些重要的河流吗?

4.说一些有关冰川的故事。

5.回想一下,自己能说出多少湿地的作用。

总结

本章结束时,总结一下你对水体的了解。向家长和老师介绍你知道的知识,请他们评价你的知识是否系统化了。

地球大水库——海洋

众所周知,我国不仅是一个国土广袤的大陆国家,也是一个具有漫长海岸线和辽阔海洋的海洋国家。我们的伟大国家和其他地中海国家一样,海洋文化丰富,是人类海洋文明的发源地,是人类历史文明的重要组成部分。

海洋是地球上最广阔且连续的咸水水体,它的总面积约为 3.6 亿平方千米,占地球总面积的 71%;海洋总水量约为 13.38 亿立方千米,占水圈总量的 96.5%。海洋除了拥有丰富的水量资源外,还拥有各式各样的其他资源。据统计,世界海洋每年可提供的水产品高达 2 万亿吨。近岸大陆架的海底石油储量可能接近 2500 亿吨,大洋底部的锰结核总储量达 3 万亿吨。

海洋还拥有巨大的水能资源,全球潮汐能约 10 亿千瓦,波能 10 亿～100 亿千瓦,海流能蕴藏量达 1700 亿千瓦。海洋同时也是全球水循环中的主要水汽源地,对水圈中的水汽和热量交换起着决定性的作用。看到这里,相信大家已经对大海有了宏观上的了解,那么你们知道今天的海洋是怎样形成的吗?

大约在50亿年前，星云团块在运动过程中，互相碰撞，逐渐形成为原始的地球。在星云团块的碰撞过程中，在引力作用下，原始地球不断地受到加热增温。在重力作用下，重的下沉并趋向地心集中，形成地核；地壳冷却定形之后，地球就像个被久放而风干了的苹果，表面皱纹密布，凹凸不平，高山、平原、河床、海盆，各种地形一应俱全。

随着地壳逐渐冷却下来，原始地球上的水汽以尘埃与火山灰为凝结核，凝聚成水滴，越积越多。加之地球表面冷却不均匀，空气对流剧烈，凝结成雨点，持续了一年又一年，汇聚成巨大的水体，这就是原始的海洋。

经过水量和盐分的逐渐增加，以及地质历史上的沧桑巨变，原始海洋逐渐演变成为今天的海洋。

延伸阅读

地球上的海洋被分为四个大洋：

太平洋

太平洋是地球上面积最大的海洋，占地球海洋面积的近一半。1520年，麦哲伦在环球航行途中，走到了一片风平浪静的海域，就称这片海域为太平洋。后来，这个吉利的名字被全世界人们所认可。

大西洋

从欧洲向西，一直到美洲大陆东岸的一片海洋被称为大西洋。希腊神话中，大力神阿特拉斯就居住在大西洋中，他能知道任何一个海洋的深度，所以人们用他的名字来命名大西洋。

印度洋

1497年，葡萄牙航海家达·伽马绕道非洲好望角，向东寻找印度大陆，将所经过的洋面称为印度洋。

北冰洋

环绕着北极的一片海域，中心常年处于冰封状态，所以人们把这里称为北冰洋。

大地上的明珠——湖泊

提到湖泊，同学们脱口而出的一定是鄱阳湖、洞庭湖、太湖等，那么湖泊在我们人类的生存中起着怎样的作用呢？湖泊是陆地水圈的重要组成部分，起着调节河川径流、农田灌溉、提供工业和饮用的水源、进行发电、繁衍水生生物、沟通航运、改善区域生态环境以及发展水产品生产等多种作用。湖泊还是地球表层系统各圈层相互作用的联结点，是陆地水圈的重要组成部分，与生物圈、大气圈、岩石圈等关系密切，具有调节区域气候、记录区域环境变化、维持区域生态系统平衡和繁衍生物多样性的特殊功能。

地球上湖泊的总面积约为 2058700 平方千米，总水量约 176400 立方千米，其中淡水储量约占 52%，约为全球淡水储量的 0.26%。我国湖泊众多，面积大于 1 平方千米的约 2300 个，总面积达 71000 多平方千米（20 世纪 80 年代数据）。其中淡水湖面积约 3.6 万平方千米，占湖泊总面积的 50%。湖水可以不断更新，不同湖泊的更新期不一样，湖水更换期的长短取决于其容积和入湖、出湖年径流量。中国鄱阳湖水更新一次仅 9.6 天，太湖水更新一次约 299 天。湖泊淡水储量的地区分布很不均匀，贝加尔湖、坦噶尼喀湖和苏必利尔湖等 40 个世界大湖储存的淡水量占全球湖泊淡水总量的 4/5。

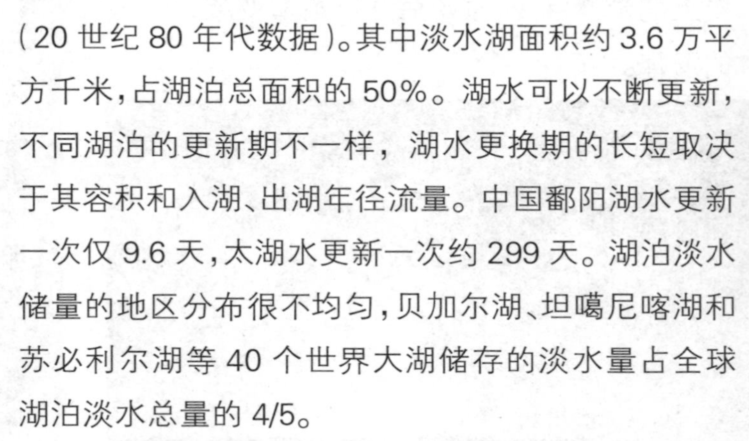

20 世纪 50 年代以来，我国湖泊在自然和人为活动的双重胁迫下大面积地萎缩乃至消失，贮水量相

应骤减，湖泊水质不断恶化，生态系统严重退化，给经济发展和人类的生存环境造成了日益严重的威胁。尤其在2012年，太湖、巢湖、滇池相继暴发蓝藻危机，人类的生态环境受到了前所未有的威胁，那些曾经碧波荡漾、令我们心驰神往的大湖，在人类永无止境的欲望下，几乎是灰飞烟灭。保护湖泊资源迫在眉睫。

湖泊之最

最大的湖泊及咸水湖——里海（面积达371000平方千米）

最大的淡水湖——苏必略湖（面积达82100平方千米）

最深的咸水湖——死海（水深达330米）

最高的湖泊及咸水湖——纳木错（湖面海拔4718米）

最高的淡水湖——玛法木错湖（湖面海拔4585米）

最低的湖泊——死海坳陷（湖面海拔负413米，有浮动）

最长的湖泊——坦干依喀湖（长度大约660千米）

最古老的湖泊——贝加尔湖（已经在地球上存在超过2500万年）

蓄水量最多的人工湖——布拉茨克水库（体积达169立方千米）

地球的血脉——河流

河流是地球生命的重要组成部分，是人类生存和发展的基础。历史上人类及其社会生态系统的发生发展都与河流相互依存，密不可分，如古中国人发源于黄河流域，古埃及人发源于尼罗河流域，古印度人发源于恒河流域，古巴比伦人发源于两河流域。

在我国，人们称较大的河流为江、河、川、水，较小的为溪、涧、沟、曲等。每条河流都有河源和河口。河源是指河流的发源地，有的是泉水，有的是湖泊、沼泽或是冰川，各河河源情况不尽一样。河口是河流的终点，即河流流入海洋、河流（如支流流入干流）、湖泊或沼泽的地方。在干旱的沙漠区，有些河流河水沿途消耗于渗漏和蒸发，最后消失在沙漠中，这种河流被称为内流河。根据水文和河谷地形特征，每一条河流都被分为上、中、下游三段。

我国境内的河流，仅流域面积在1000平方千米以上的就有1500多条。全国径流总量达27000多亿立方米，相当于全球径流总量的5.8%，居

河流之最

流经国家最多的河——多瑙河

世界最长的河——尼罗河

含沙量最大的河——黄河

流量最大的河流——亚马孙河

中国最大的内流河——塔里木河

世界最大的内流河——伏尔加河

世界最大的运河 ——京杭运河

世界第六位,是地球上最主要的淡水资源,为农业生产提供了丰富的灌溉水源。

同时,河流还具有养殖、航运之利,并能提供生活及工业用水。

我国主要河流多发源于青藏高原,落差很大。注入海洋的外流河流域面积约占全国陆地总面积的64%,流入内陆湖泊或消失于沙漠、盐滩之中的内流河,流域面积约占全国陆地总面积的36%。长江、黄河、黑龙江、珠江、辽河、海河、淮河等向东流入太平洋;西藏的雅鲁藏布江向东流出国境再向南注入印度洋;新疆的额尔齐斯河则向北流出国境注入北冰洋。新疆南部的塔里木河,是中国最长的内流河,全长2179千米。

我国的河流具有数量多、地区分布不均衡、水文特征地区差异大、水力资源丰富等特点,这些特点的形成与我国领土广阔,地形多样,地势由青藏高原向东呈阶梯状分布,气候复杂,降水由东南向西北递减等自然环境特点密切相关。

最大的淡水水库——冰川

冰川分布在地球的两极和赤道带的高山地区，大约有2900多万平方千米，覆盖着约1/10的大陆面积。而4/5的淡水资源就储存于冰川(冰盖)之中。冰川冰储水量占地球总水量的2%，储藏着人类所需的约3/4淡水资源，虽然可以直接利用的很少，但对人类的生活生存却起着不可替代的作用。既然冰川对人类有着如此重要的作用，那么你们知道这神奇的冰川世界是怎样形成的吗？

冰川是水的一种存在形式。当雪积聚在地面上后，如果温度降低到零摄氏度以下，可以受到它本身的压力作用或经再度结晶而形成雪粒，这种雪粒就是冰川的“原料”。随着时间的推移，粒雪的硬度和它们之间的紧

中国冰川大盘点

中国冰川最多的山系：天山山脉

中国冰川面积最大的省区：西藏自治区

中国最东部的冰川：雪宝顶冰川

中国最南部(纬度最低)的冰川：玉龙雪山冰川

世界上中低纬度带冰川数量最多、规模最大的国家：中国

面积最大、长度最长、冰储量最大的山谷冰川：音苏盖提冰川

中国最大的冰原：普若岗日冰原

最大的冰帽：崇测冰帽

中国已测得山谷冰川最大冰厚：贡嘎山的大贡巴冰川

落差最大的冰瀑布：海螺沟冰川冰瀑布

中国末端海拔最低的冰川：喀纳斯冰川

密度不断增加，大小不一的粒雪相互挤压，紧密地镶嵌在一起，其间的孔隙不断缩小，以致消失，雪层的亮度和透明度逐渐减弱，一些空气也被封闭在里面，这样就形成了冰川冰。冰川冰最初形成时是乳白色的，经过漫长的岁月，冰川冰变得更加致密坚硬，里面的气泡也逐渐减少，慢慢地变成晶莹透彻，带有蓝色的水晶一样的老冰川冰。冰川冰在重力的作用下，沿着山坡慢慢流下，就形成了我们所看到的冰川。

冰川存在于极寒之地。在南极和北极圈内的格陵兰岛上，冰川基本覆盖着整个岛屿或大陆，所以被称为大陆冰川、大陆冰盖或冰被。而在其他地区冰川只能形成在高山上，所以称这种冰川为山岳冰川。

我国冰川面积分别占世界和亚洲山地冰川总面积的 14.5% 和 47.6%，是中低纬度冰川发育最多的国家。中国冰川分布在新疆、青海、甘肃、四川、云南和西藏 6 省区。其中西藏的冰川数量多达 22468 条，面积达 28645 平方千米。

地球之肾——湿地

“西溪，且留下。”看过电影的小朋友应该都知道这是电影里的一句台词，而正是因为这句台词，让此前几乎名不见经传的浙江杭州西溪国家湿地公园，一下子成为人尽皆知的旅游胜地。但是，与海洋、河流、湖泊、冰川等传统水体名词相比，湿地仍是一个十分生疏的概念，只是近年来，伴随着人类对地球生态环境的重视而逐渐受到人们的关注。其实，我国古人早就注意到湿地，古人将常年积水的沼泽地或浅湖称为沮泽，将季节性积水或过湿的沼泽化地带称为沮沼，将滨海沼泽或盐沼称为斥泽。

湿地被誉为“地球之肾”，与森林、海洋并称为全球三大生态系统，它不仅为人类提供大量食物、原料和水资源，而且在维持生态平衡、保护生物多样性和珍稀物种资源以及涵养水源、蓄洪防旱、调节气候、净化水质、补充地下水、控制土壤侵蚀、维护生物多样性等方面均起到重要作用，是人类最重要的生存环境之一。

2003 年公布的第一次全国湿地资源调查结果显示，我国单块面积在 100 公顷以上的湿地总面积为 3848 万公顷，其中自然湿地为 3620 万公顷，占国土面积的 3.77%，居亚洲第一位、世界第四位。湿地广泛分布于世界各地，在中国境内，从寒温带到热带、从沿海到内陆、从平原到高原山区都有湿地分布。一个地区内常常有多种湿地类型，一种湿地类型又常常分布于多个地区，构成了丰富多样的组合湿地类型。

我国湿地拥有众多的野生动植物资源，不仅数量多，而且很多是我国的特有物种。据统计，我国海岸带湿地生物种类约 8200 种，其中植物约 5000 种，动物约 3200 种。湿地中还生存着约 770 种淡水鱼类，我国湿地鸟类种类繁多，亚洲濒临灭绝的鸟类中我国就有 31 种。很多珍稀水禽的繁殖和迁徙离不开湿地，因此湿地也被称为“鸟类的乐园”。

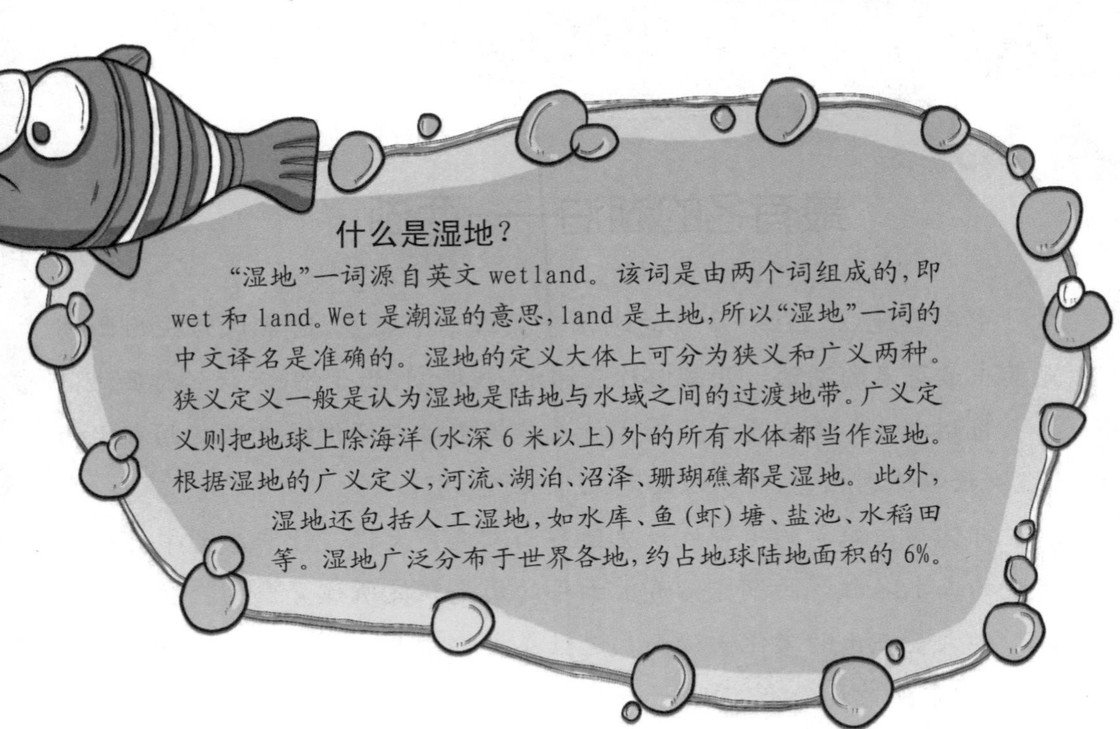

什么是湿地？

“湿地”一词源自英文 wetland。该词是由两个词组成的，即 wet 和 land。Wet 是潮湿的意思，land 是土地，所以“湿地”一词的中文译名是准确的。湿地的定义大体上可分为狭义和广义两种。狭义定义一般是认为湿地是陆地与水域之间的过渡地带。广义定义则把地球上除海洋（水深 6 米以上）外的所有水体都当作湿地。根据湿地的广义定义，河流、湖泊、沼泽、珊瑚礁都是湿地。此外，湿地还包括人工湿地，如水库、鱼（虾）塘、盐池、水稻田等。湿地广泛分布于世界各地，约占地球陆地面积的 6%。

但一直以来，人口增长、农业开发、经济建设进程加快等因素，导致湿地面积持续减少，调洪减灾、蓄水净水、孕育生物、调节气候等生态功能逐渐减弱。

我国第一个自然保护区是 1956 年建立的。对湿地的保护，是在 1992 年加入湿地公约之后，建立了一批湿地自然保护区和湿地公园。

最有名的湖泊——西湖

中国各地以“西湖”命名的湖泊有数二十个之多，通常认为杭州西湖是其中最著名的湖泊。西湖旧称武林水、钱塘湖、西子湖，宋代始称西湖。

杭州之美，美在西湖。古代诗人苏轼曾对它评价道：“欲把西湖比西子，淡妆浓抹总相宜。”所以西湖又名“西子湖”。

许仙与白娘子的传奇故事更使得西湖名声大振，让其成为中国家喻户晓的山水名胜。西湖凭借着上千年的历史积淀所蕴育出的特有的江南风韵和大量杰出的文化景观而入选世界文化遗产，同时也为现今《世界遗产名录》中少数几个、中国唯一一处湖泊类文化遗产。

了解我们身边的河流与湖泊

了解你所在城市的水分布状况，绘制一张城市水地图。

购买一张你所在城市的地图，查找所标注的河流、湖泊、水渠等水资源。根据地图了解实际情况并填写下面的表格。

城市		姓名	
水源名称	大概面积	水质	简介

●干净又脏的水

干净又脏的水是什么水？

口水！

自己的口水最干净！

别人的口水就很脏！

●水货广告

它功能强大！

坚固耐用！

它是水货！

它是水货中的战斗机，美观大方。
水货也能这么广告吗？

●喝水观察

你为什么盯着
我看啊？

难道说他
喜欢我？

我在观察一个人一
天能喝多少水。

●无水的饭店

老板，来瓶水
喝！
福

对不起，今天
没有水了。
福

饭店怎么会没水？
那你们怎么做饭
啊？
福

我们做饭用可乐，不
用水！

第4章
水的旅行

水虽然没有脚，但是却能够行走，而且是昼夜不停歇。这就是地球上的水循环。它是在太阳辐射和地球重力的共同作用下形成的，使地球上的水成为一个整体，调节着各个圈层之间的能量平衡。

探寻水的旅行路线

课题目标

发挥你的聪明才智，探索一下水旅行的路径，看看在这些过程当中发生了什么。

要完成这个课题，你应该：

1.在上一章的基础上，掌握水在地球上的存在形式。

2.理解水的各种形态之间的转化。

3.了解水圈的结构和作用。

4.身体力行，和朋友们一起做节水小卫士。

课题准备

与你的好朋友一起上网了解水的特性和物态变化。

检查进度

在学习本章内容的同时完成这个课题。为了按时完成课题，你可以参考以下步骤来实施你的计划。

1.列出水圈的结构。

2.了解水的固体、液体、气体三态变化。

3.水的三态变化途径都有哪些?

4.明白整个水圈的循环过程，了解水圈循环的作用。

总结

本章结束时，跟你的同伴一起，向老师和家长展示你的学习成果。

永不停息的水圈

延伸阅读

现代冰川在世界各地几乎所有高纬度地区度都有分布，地球上的冰川，大约有2900多万平方千米，覆盖着大陆11%的面积，储藏着全球淡水总量的3/4左右。但是，由于全球气候变暖，世界各地的冰川面积都在明显减少。

在地球上，水不仅变化多端，而且分布极其广泛，上至高层大气，下至地壳深处，几乎无处不在。相互沟通的世界大洋、陆地上的江河湖泊，以及埋藏于地表下面的地下水等，这些水体不停运动，且相互联系，构成地球上所特有的“水圈”。

水圈是地球外圈中作用最为活跃的一个连续不规则的圈层。水圈的质量占地球质量的万分之四，与大气圈、生物圈和地球内圈的相互作用，直接关系到影响人类活动的表层系统的演化。水圈也是外动力地质作用的主要介质，是塑造地球表面最重要的角色。

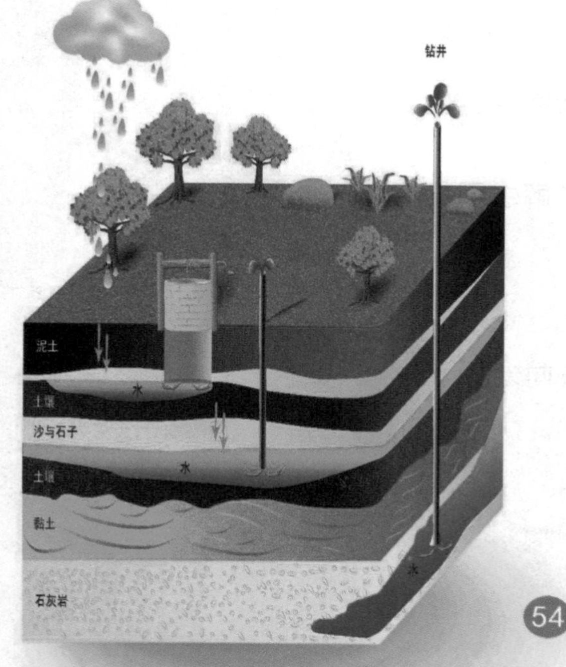

地球上最多的液体淡水是什么呢？是奔腾不息的江河，还是一平如镜的湖泊？是“飞流直下三千尺”的瀑布，还是晶莹剔透、如梦如幻般的冰川？事实上，这些都不是。世界上最大的液体淡水水库，竟然就是我们脚下的地下水。

从离地球数万千米的高空看地球，可以看到地球大气圈中水汽形成的白云与覆盖地球大部分的蓝色海洋，它使地球成为一颗“蓝色的行星”。地球水圈总质量为 1.66×10^{24} 克，约为地球总质量的 1/3600，其中海洋水质量约为陆地(包括河流、湖泊与表层岩石孔隙与土壤)水的 35 倍。如果整个地球没有固体部分的起伏，那么全球将被深达 2600 米的水层所均匀覆盖。

水圈中的水上界可达大气对流层顶部，下界至深层地下水的下限，包括大气中的水汽、地表水、土壤水、地下水和生物体内的水。水圈中大部分水体以液态形式存在于海洋、河流、湖泊、水库、沼泽及土壤中；部分水以固态形式存在于广大的冰川、积雪和冻土中；水汽则主要存在于大气中。三者常通过热量交换而部分相互转化。

水圈是地球自然演化的结果，但近百年来，人类大规模的活动对水圈中的水的状态和运动过程产生了一定的影响。比如大规模的砍伐森林、荒山植林、大流域的调水、大面积的排干沼泽、大量抽用地下水等，都促使水的运动和交换过程发生相应变化，从而影响地球上水分循环的过程和水量平衡的组成。我们应该遵循自然规律，保护好整个地球生物的水生态圈，让它永不停息地循环下去。

自然界的水循环

在我国古代,由于人们不了解水循环的原理,所以当看到无数江河滔滔之水日夜不息地向海洋奔流,数百年来也不改变,尽管如此,海洋仍旧不满不溢,时常感到非常奇怪。我国古代伟大的诗人李白曾感叹曰:“黄河之水天上来,奔流到海不复回!”那么,你知道为什么滔滔的江水流入大海,大海的水位却没有随着上升呢?我们怎样从科学的角度来阐述这样的情形呢?这一节我们就来共同认识一下自然界的水是怎样悄无声息地循环运动的。

海洋是自然界天然的水库。阳光照射到大海上,在太阳辐射能和地球

表面热能的作用下，一部分不“安分”的海水蒸发成水蒸气，随着大气的运动和在一定的热力条件下，水汽遇冷凝结成液态水，在重力的作用下变成水滴降落到地球表面。

气流驱使着云围绕地球运动，云颗粒互相碰撞变成降水从空中落下，有些水分以雪的形式降落。除了降雨、降雪外，云中的小水珠也可能变成冰雹。雨、雪、冰雹落在地上时，一部分渗入地下，形成地下水；有的落到江河湖泊的水面上，与河水、湖水融在一起形成地表水；也有的回到海里，重新投入海洋的怀抱。

一些地表径流汇入江河，并且作为河川水流入大海，还有一些在江河湖泊中积聚为淡水。但是，并不是所有的径流都形成了地表水体，有些浸入地面，有些水渗透到深层地下，渗入地下的水又慢慢地渗回地表，汇入河流之中。河水的一部分被蒸发到空气中，参与循环，另一部分地表水和返回地面的地下水，最终又浩浩荡荡地流入海洋或蒸发到大气中。

地球上的水处于不停的运动中，并且不停地变换着存在形式，从液体变成水蒸气再变成冰，就这样周而复始不停地流着，一个循环套一个循环，永无休止地循环下去。水循环已经持续了几十亿年，地球上的所有生命都依赖于水循环。如果没有水循环，地球将会是一个毫无生气的地方。

大自然的雕塑家

如果你到过云南，一定会去看石林；如果你看过石林，一定会叹服大自然的鬼斧神工：成片的石峰如千军万马集结，组成石头森林。正如一位诗人所形容的，石林兼有五岳之雄、三峡之奇、黄山之峭、桂林之丽，雄奇峭丽，浑然天成。那么你们知道石林是怎么形成的吗？想要知道石林形成的原因，首先要知道“水是大自然的雕塑家”。为什么这么说呢？因为石林的形成是出自水的鬼斧神工。

众所周知，水有一种非常重要的功能就是能溶解其他物质。比如在我们的日常生活中，将一勺盐放到盛有水的杯子或者碗中搅拌后，很快我们就会发现，盐消失得无影无踪。那么盐到哪里去了呢？原来盐被水“吃掉”了，也就是被水溶解掉了。

在石灰岩地区，当含有二氧化碳的流水遇到有石灰岩的裂缝时，水的溶解作用就会把石灰岩的裂缝溶解成空洞，并且不断地扩大。如果裂缝直立，溶洞将会形成类似于石林的石柱。一些裂缝是曲折蜿蜒的，有一些水渗入石灰岩的内部，在它的溶解作用下便形成洞穴。水还可以劈开石头。

什么是喀斯特地貌?

喀斯特(KARST)即岩溶,是水对可溶性岩石(碳酸盐岩、石膏、岩盐等)进行以化学溶蚀作用为主,流水的冲蚀、潜蚀和崩塌等机械作用为辅的地质作用,以及由这些作用所产生的现象的总称。由喀斯特作用所造成的地貌,称喀斯特地貌(岩溶地貌)。

岩石和其他物质一样,遇热会膨胀,遇冷会收缩。由于一天中,气温温差变化大,就会使岩石一胀一缩,虽然我们看不到,但这种现象是长期存在的。经过很长时间以后,由于岩石的内部和外部膨胀、收缩的速度不同,外部的石头就会脱落下来形成小石块,同时会出现许多胀裂的小石缝。这些石缝如果遇到雨水,雨水就会下渗,钻进石缝里。如果遇到气温下降,雨水结冰膨胀,对裂缝周围的岩石就会产生很大的压力,使裂缝加大加深。水继续下渗,侵入,以它的坚强毅力坚持了数千数万年,最后水滴穿石,便形成了千奇百怪的自然景观。

地球上水资源的分布

延伸阅读

人类主要利用的淡水约34650万亿立方米，在全球总储水量中只占2.53%。它们少部分分布在湖泊、河流、土壤和地表以下的浅层地下水中。全世界真正被有效利用的淡水资源每年约有9000立方千米。

当我们打开世界地图时会发现,有的地方是蔚蓝蔚蓝的,有的地方却是枯黄枯黄的干涸的土地,就像是人们裂开的嘴唇样。同学们知道其中的奥秘吗?同学们是否见到过有的人每天要走好几千米甚至十几千米仅仅是为了去挑取日常的生活用水?同学们来猜一猜,这样的景象可能出现在我国的什么地方?又是什么原因造成的呢?带着这一系列的问题,今天我们来了解一下地球上水资源的分布状况。

地球的总储水量约为 1.386×10^{18} 立方米,其中海洋水为 1.338×10^{18} 立方米,约占全球总水量的96.5%。在余下的水量中地表水占1.78%,地下水占1.69%。

世界各大洲的水资源分布

从各大洲水资源的分布来看,年径流量亚洲最多,其次为南美洲、北美洲、非洲、欧洲、大洋洲。从人均径流量的角度看,全世界河流径流总量按人平均,每人约合10000立方米。在各大洲中,大洋洲人均径流量最多,其次为南美洲、北美洲、非洲、欧洲、亚洲 。

我国水资源及其分布

我国水资源总量为 2.8×10^{12} 立方米,居世界第四位,但人均水量只有2300立方米左右,约为世界人均水量的1/4。

我国水资源的分布特点:年内分布集中,年间变化大;总体表现为降水量越少的地区，年内集中度越高。黄河、淮河、海河、辽河四流域水资源量小，长江、珠江、松花江流域水量大；西北内陆干旱区水量缺少，西南地区水量丰富。

我国水资源80%分布在长江流域及其以南地区，水资源约占全国水资源总量的80%，人均水量3490立方米。而长江流域以北广大地区水资源不足20%，人均水量仅为770立方米,水资源相对短缺。其中黄河、淮河、海河流域水资源短缺尤其突出,水资源不到8 %。从这些情况足以看出，南北水资源量相差十分悬殊。

水从哪里来？

探索：

1. 找一个玻璃杯子，里面装上冰。静置 5 分钟。
2. 观察杯子外面和里面的情况。

思考：杯子外面和里面的水都是从哪里来的？请做实验并查找相关知识，在下面写出准确答案。

常见的降水类型

常见的降水类型包括雨、雨夹雪、冻雨、冰雹和雪。

雨：是一种最常见的降水形式，指从天空降落的水滴。陆地和海洋表面的水蒸发变成水蒸气，水蒸气上升到一定高度之后遇冷变成小水滴。这些小水滴组成了云，互相碰撞，合并成大水滴，当它大到空气托不住的时候，就从云中落下来，形成了雨。

雨夹雪：雨滴在穿过气温低于零摄氏度的空气层的下降过程中，就会凝结成固态冰粒。如果冰粒直径小于5毫米，就被称为雨夹雪。

冻雨：穿过近地面冷空气层的雨滴在空气中没有结冰，而是在接触到寒冷表面时才结成冰，称为冻雨。

冰雹：直径大于5毫米的圆团冰块叫作雹。因为冰雹可以变得很大，当它从空中落下来的时候，有很大的势能，会对庄稼、房屋甚至行人造成巨大的破坏与危害。

雪：在冬季，云层中的水汽可以直接凝结成冰晶，大量的冰晶堆积起来变成雪花。

●叫水

姐姐，没有水了！

打电话叫送水！

喂！送水！
送水！

●钱如流水

钱就像水一样，来去川流不息。

左手进来，右手出去！

你认为呢？

钱如果能像雨水那样从天上掉下来就好了！

●喝水赚钱

渴死我了！哪里
有水喝啊？

我知道一个地方，
喝水还有钱赚！

有这么好的
事情啊？

在游泳池里多喝点水，
就会有人赔你钱。

●水与冰的关系

你知道水和冰的关
系吗？

它们是朝鲜与
韩国的关系。

为什么？

0℃以上的是水，
以下的就是冰。

第5章 中国水资源

水虽然占了地球表面的70%以上，但是淡水资源仍然十分有限。地球上的水，大部分是不能直接利用的海水，剩下的2%左右的淡水，大部分又是以冰川或者地下水的形式存在，而在这极少的淡水资源中，人类真正能够利用的淡水资源仅占地球总水量的0.26%。

制作中国水地图

课题目标

了解中国水资源现状，中国为了平衡水资源所采取的工程建设，评估这些工程有哪些优缺点。

要完成这个课题，你必须：

1.了解中国水资源的总体情况。

2.弄清中国水资源的分布情况。

3.理解为了调配中国水资源平衡所做的工作。

课题准备

通过你能利用的途径，了解中国水资源状况，以及各个工程的建设情况。

检查进度

在学习本章内容的同时完成这个课题。为了按时完成课题，你可以参考以下步骤来实施你的侦探计划。

1.列出中国水资源的总体情况。

2.中国水资源的特点。

3.中国为了平衡水资源分布，做了哪些工作。

4.这些工程建设，会带来什么样的后果。

总结

本章结束时，思考一下你有更好的方法来平衡中国的水资源分布吗？

中国的水缺乏到什么地步？

我国是一个缺水严重的国家，是全球 13 个人均水资源贫乏的国家之一。我国淡水资源总量为 28000 亿立方米，占全球水资源的 6%，居世界第四位，但人均只有 2300 立方米，仅为世界人均量的 1/4。到 20 世纪末，我国城市缺水总量为 60 亿立方米。在对我国 600 多座城市的调查中发现，存在供水不足问题的城市已多达 400 个，其中比较严重的缺水城市达 110 个。我国的水到底缺乏到什么地步呢？

有资料显示，目前我国多数城市地下水及河流已受到一定程度的污染，并有日益加重的趋势。导致水资源贫乏并严重威胁到居民饮用水安全和健康的因素主要有以下几个方面：

一、我国是世界上用水量最多的国家，但是水资源的现状并不乐观。中国用全球 7% 的水资源养活了占全球 21% 的人口。有专家预测："我国的缺水高峰将在 2030 年前后出现，预计我国用水总量将达到每年 7000 亿～8000 亿立方米，

而我国实际可利用的水资源量约为8000亿~9500亿立方米，需水量已接近可利用水量的极限。”有关专家称:“20年后中国将找不到可饮用的水资源。”

二、我国属资源性缺水且水污染严重。我国每年没有经过处理的水的排放量是2000亿吨，这些污水造成了90%流经城市的河道受到污染，75%的湖泊富营养化，并且日益严重。

三、地下水过度开采利用。以北京为例，新中国成立初期，地下水位为5米，而如今的地下水位已近50米，地下水位每年下降将近1米，因此造成了地面的沉降。从国际上来说，安全取用地下水，应该是取用地下水补给量的一部分，但我们现在不仅吃光了利息，而且还在吃老本。

四、水资源浪费严重。我国炼钢等生产过程的单位耗水量比国外先进水平高几倍甚至几十倍，而水的重复利用率却不到发达国家的1/3。

三峡工程

自古以来，长江流域就是人类聚居和活动的重要地带，长江流域丰沛的水资源为流域内亿万人民带来了生存和发展的物质保障。但与此同时，长江的洪水历来也是中华民族的心腹之患。而三峡工程的兴建则是长江流域开发治理的关键性骨干工程。

三峡工程又称三峡大坝、三峡水电站，是世界上规模最大的水电站，也是中国有史以来建设的最大型的工程项目。三峡工程钢筋混凝土大坝坝顶高度 185 米，水库总库容 393 亿立方米，与世界各国已经建成的大坝、水库相比，完全可以称得上是“高坝大库”了。

三峡工程的作用：

一、防洪。三峡水库是采用“削峰滞蓄”的方式起到巨大的防洪作用的。削减洪峰流量超过中下游河道安全泄量的部分，将这部分水量暂时滞蓄在水库内，待一次洪峰过后，再陆续放走，使库内水位仍维持在汛期限制水位 145 米，也就是腾空防洪库容，以迎接下一次洪峰的到来。

三峡工程增强了长江中下游的防洪能力。长江中下游防洪体系初步形成，荆江河段防洪标准由十年一遇提高到百年一遇；即便遇到“千年一遇”的洪水，三峡工程也能配合分蓄洪工程，防止荆江地区发生毁灭性灾害。

二、发电。三峡水电站装机总容量为1820万千瓦，年均发电量847亿千瓦日时，促进了全国电力联网和西电东送、南北互供输电大格局的形成，提高了电网运行质量，具有跨流域调节、水火电互补调节等效益。

三、航运。三峡工程位于长江上游与中游的交界处，地理位置得天独厚。三峡工程的建设改善了长江的通航条件，降低了航运成本，为沿江经济发展注入了新活力，满足了长江上中游航运事业远景发展的需要。

四、环保。三峡工程具有显著的节能减排和生态补水效益，有利于改善生态环境。清洁、价廉、可再生的水电替代火电后，每年可少排放形成全球温室效应的二氧化碳1.3亿吨。

五、发展。三峡工程为三峡库区带来了难得的发展机遇，库区产业结构优化，基础设施明显改善，社会事业不断发展。1992年以来库区人均GDP年均增长12.1%，高于同期9.2%的全国平均增长速度。

南水北调工程

水资源是关系一个国家社会经济发展的战略性资源，是保障国计民生的基础。从我国水资源的可持续发展看，形势十分严峻，水资源空间的分布不均衡是其中突出的问题，即南涝北旱。因此，通过实施南水北调工程人为地均衡我国水资源的空间分布势在必行。

我国的南水北调堪称当今世界规模最大、难度也大的工程，是一项为人类造福的民意工程。南水北调工程全部实施后，将缓解黄、淮地区水资源紧缺的矛盾，促进调入地区的社会经济发展，改善城乡居民的生活供水条件和生态环境，会产生巨大的社会、经济、环境效益。既能满足工业生产用水，灌溉农田，又能对城市环境治理和绿化起到积极的促进作用。

东线工程：从长江下游利用京杭大运河向华北京津唐调水，并连接起调蓄作用的洪泽湖、骆马湖、南四湖、东平湖。出东平湖后分两路输水：一路向北，在位山附近经隧洞穿过黄河，输水主干线全长 1156 千米；另一路向东，通过胶东地区输水干线经济南输水到烟台、威海，输水线路长 701 千米。

中线工程：从三峡水库和丹江口水库向华北调水。从加坝扩容后的湖北丹江口水库陶岔渠首闸引水，沿唐白河流域西侧过长江流域与淮河流域的分水岭方城垭口后，经黄淮海平原西部边缘，在郑州以西孤柏嘴处穿过黄河，继续沿京广铁路西侧北上，可基本自流到北京、天津，输水总干线全长1276千米。

西线工程：从长江上游的一些支流调长江水入黄河上游。西线工程的供水目标主要是解决涉及青、甘、宁、内蒙古、陕、晋6省(自治区)黄河上中游地区和渭河关中平原的缺水问题。结合兴建黄河干流上的骨干水利枢纽工程，还可以向邻近黄河流域的甘肃河西走廊地区供水，必要时也可向黄河下游补水。

规划的东线、中线和西线到2050年调水总规模为448亿立方米，其中东线为148亿立方米，中线为130亿立方米，西线为170亿立方米。南水北调工程虽然“功在当代，利在千秋”，但要使得这项浩大的工程发挥应有的效益，必须注意节约用水和保护生态环境。

延伸阅读

丹江口水利枢纽

丹江口水利枢纽是南水北调的水源工程，它控制了汉江60%的流域面积，年平均径流量为408.5亿立方米，坝顶高程从现在的162米加高至176.6米，设计蓄水位由157米提高到170米，总库容达290.5亿立方米。

由于丹江口水库把水位提得很高，所以水流至此继续往北，直到北京的过程中，几乎不需要再提高水位，可以自流到我们的首都。

中国古代水利工程

延伸阅读

水也会衰老?

通常我们只知道动物和植物有衰老的过程，其实水也会衰老，而且衰老的水对人体健康有害。据科研资料表明，水分子是主链状结构，水如果不经常受到撞击，也就是说水经常处于静止状态时，这种链状结构就会不断扩大、延伸，就变成了俗称的“死水”，也就是衰老了的老化水。桶装或瓶装的饮用水，被静止状态存放超过三天，就会变成衰老的老化水，不宜饮用。

我国的水利建设，自古以来，一直受到世界人民的高度重视。勤劳的中华民族子孙经过几千年坚持不懈的努力，取得了辉煌的、惊人的成就，陆续修建起千千万万的水利设施，其中以都江堰、灵渠、大运河最为世人瞩目，是中华民族智慧的结晶。

都江堰以其“历史跨度大、工程规模大、科技含量大、灌区范围大、社会经济效益大”的特点享誉中外、闻名遐迩，是全世界至今为止，年代最久、唯一留存的以无坝引水为特征的宏大水利工程。这项工程主要由鱼嘴分水堤、飞沙堰溢洪道、宝瓶口进水口三大部分构成，科学地解决了江水自动分流、自动排沙、控制进水流量等问题，消除了水患，使川西平原成为水旱从人的“天府之国”。

灵渠位于距桂林东北 66 千米处的兴安县境内，是现存世界上最完整的古代水利工程，与四川都江堰、郑国渠齐名，是最古老的运河之一。灵渠由铧嘴、大小大平、泄水天平、陡门、南北渠、秦堤等主要工程组成，全长 36.4 千米，平均宽度 10 米，水深约 1.5 米。它的出现沟通了湘江与漓江，从而将长江和珠江两大南方水系联系在一起，成为古代湖广连接岭南

的重要水上枢纽，为促进中原和岭南地区的经济文化交流起到了巨大的作用。灵渠设计科学灵巧，工艺十分完美，与都江堰、郑国渠被誉为“古代三个伟大水利工程”，有“世界奇观”之称。

我们今天所说的大运河指的是元代开凿的京杭大运河，它是世界上最长的人工河流，也是最古老的运河之一，全长 1794 千米。沟通海河、黄河、淮河、长江、钱塘江五大水系，构筑了中国东部地区的水上交通网。在古代，它是南方漕粮北运的主要通道。今天的大运河的部分河段仍然是相当繁忙的水上通道。

京杭大运河作为南北的交通大动脉，历史上曾起过巨大作用，运河的通航，促进了沿岸城市的迅速发展。目前，京杭运河的通航里程为 1442 千米，其中全年通航里程为 877 千米，主要分布在黄河以南的山东、江苏和浙江三省。

中国十大河流

1. 长江:6397千米,是世界上第三大河,亚洲第一大河。发源于青藏高原的唐古拉山,流经青海、西藏、四川、云南、重庆、湖北等11省,在上海注入东海。

2. 黄河:5464千米,是世界第五大长河,中国第二长河。发源于青藏高原的巴颜喀拉山脉,流经9个省区,最后注入渤海。

3. 黑龙江:4370千米,是一条国际河,流经俄罗斯、蒙古、中国,水流微黑,受到的污染较少,沿岸风景美丽。被称为"神秘的风景线"。

4. 珠江:2400千米,是国内第三大河流。发源于云南省东北部的沾益县,原指广州到虎门一段入海水道,现为西江、北江、东江三江的总称。

5. 澜沧江:2179千米,是世界第九大河流,亚洲第四长河,东南亚第一长河。发源于青海的杂多县,流经青海、西藏、云南3省。

6. 塔里木河:2030千米,世界上第五大内流河,中国第一大内流河,流经面积19.8万平方千米,最后注入台特马湖。

7. 怒江:2013千米,发源于青藏高原唐古拉山南麓,先流入缅甸,最后注入印度洋。

8. 雅鲁藏布江:1940千米,是世界上海拔最高的河流之一,是中国最高的河。它发源于西藏西南部的喜马拉雅山,由西向东流,水流丰富。

9. 辽河:1430千米,流经河北、内蒙古、吉林和辽宁,最终注入渤海。

10. 海河:1090千米,总流域面积31.82平方千米,全流域理论上水能蕴含量315万瓦,年发电51.2亿瓦。

中国十大湖泊

1. 青海湖：古代称为“西海”，又称“鲜水”或“鲜海”。是我国第一大内陆湖泊，也是我国最大的咸水湖。它浩瀚缥缈，波澜壮阔，是大自然赐予青藏高原的一面巨大的宝镜。面积达 4456 平方千米。

2. 江西鄱阳湖：是世界上七个重要湿地之一，我国最大的吞吐性淡水湖。鄱阳湖水系年均径流量为 1525 亿立方米，约占长江流域年均径流量的 16.3%。

3. 洞庭湖：位于荆江南岸，湖南省的北部，介湘鄂两省之间，面积辽阔，是中国五大淡水湖之一。

4. 太湖：古称震泽，又名五湖，为我国第三大淡水湖，湖面 2000 多平方千米，有大小岛屿 48 个，峰 72 座。

5. 洪泽湖：位于江苏省洪泽县西部，发育在淮河中游的冲积平原上。原是泄水不畅的洼地，后储水成许多小湖，成为我国五大淡水湖中的第四大淡水湖。

6. 内蒙古呼伦湖：呼伦湖方圆八百里，碧波万顷，像一颗晶莹硕大的明珠镶嵌在呼伦贝尔草原上。湖长 93 千米，最大宽度为 41 千米，平均宽度为 32 千米，周长为 447 千米。

7. 纳木错湖：位于西藏当雄县与班戈县之间，湖面面积 1940 平方千米，湖面海拔 4718 米，为世界上海拔最高的大湖。纳木错还是西藏著名的佛教圣地，是西藏三大“圣湖”之一。

8. 色林错湖：位于西藏冈底斯山北麓扎县以北，湖面海拔高达 4530 米，是中国第三大咸水湖。

9. 博斯滕湖：位于新疆焉耆盆地东南面博湖县境内，是中国最大的内陆淡水吞吐湖。湖面海拔 1048 米，东西长 55 千米，南北宽 25 千米，略呈三角形，大湖面积 988 平方千米。

10. 南四湖：为昭阳、独山、南阳、微山湖四湖的总称，位于苏鲁交界处。南四湖南北总长约 120 千米，东西平均宽 5.2 千米。

●地图

我要个中国地图。

地理考试都考零分还要地图？

你要地图做什么？

我要绘制一张中国游泳馆地图！

●生命之源

水是生命之源。

没有水就没有生命。

我觉得美雅是生命之源。

没有了美雅，我就活不下去了！

●停水一天

你要去干什么？

发生了什么事情吗？

电视上说要停水一天，我赶紧多喝点水。

●愤怒与贪婪

又停水了！

到处都停水！

没水怎么洗脸啊？

用洗面奶洗吧！

第6章 谁动了我们子孙后代的水

在经济发展过程中，人类对水资源的需求越来越大，同时，对它的破坏也越来越严重。安全饮水成了很多城市面临的巨大问题。如果照这样继续发展下去，我们的子孙后代可能连干净的水也喝不上。

寻找造成水污染的真凶

课题目标

发挥你的侦探才能，了解现在的水污染状况。思考一下这些污染中，哪些比较容易治理，哪些不容易治理。

要完成这个课题，你必须：

1.和家长、老师或者好朋友一起合作。

2.需要了解水污染的相关知识。

3.提出保护水资源的建议。

4.身体力行，和朋友们一起做环保小卫士。

课题准备

可以与你的好朋友上网了解相关知识，追踪元凶踪迹。了解各种水污染事件，了解水污染的原因。

检查进度

在学习本章内容的同时完成这个课题。为了按时完成课题，你可以参考以下步骤来实施你的侦探计划。

1.查出造成水污染的元凶。

2.了解造成水污染的元凶是怎么产生的。

3.列出保护水资源的环保小计划。

4.实施行动，做一个环保小卫士。

总结

本章结束时，可以和你的侦探团成员一起向父母、老师展示你的环保成果。

人类像海绵一样吸水

当我们端起水杯喝水时，有没有想过我们一天要用掉多少水？根据有关数据统计：我们每天喝的水平均不会超过5.68升，加上洗涮和冲厕所，一个人每天用掉的水大约是151.4升。此外，还有一些事实：种出一小包大米需要的水比许多家庭一周用掉的水还多，生产一盒0.5千克重的咖啡需要10吨水。当人们身穿印有“节约用水”的纯棉T恤时，也许不会想到，生产这件T恤所需的棉花大约会消耗掉25浴缸的水。在一些国家，用于郊区的草坪的地下灌溉系统、游泳池以及各式各样的户外用途的用水量可能要再翻一番。

根据国际统计数据发现，南极洲的冰雪总量约为2700万平方千米，占全球冰雪总量的90%以上，储存了全世界可用淡水的72%。有人估算这一淡水量只能供人类用7500年。我国的人均淡水资源总量为2132立方米，而世界人均淡水资源总量为6624立方米。由此可见，我国的淡水资源总量非常短缺。我国已经有400多个城市严重缺水，有29%的人正在饮用不良水。虽然从表面上看，地球是一颗蓝色的水星，但是淡水仅占到2.5%。而这些淡水中有一大部分是以固态的冰川形式存在的，且大部分在南极。

根据有关资料显示，目前中国轿车的拥有量已经达到500万多辆，而且每年正以25%的速度递增。一家洗车店一天用水10吨，一个月流失淡水300余吨。这些触目惊心的事实无可辩驳地表明：浪费几乎成为我国目前一大社会公害。在北京，一年的洗车用水量相当于一个昆明湖或六七个北海的蓄水量；深圳洗车一年耗掉一个西丽水库；广州洗车一年耗掉500万吨水；苏州洗车两年“洗干”一个金鸡湖。

在我们的周围有29%的人生活在中度和严重缺水的地区，严重制约

着当地经济和社会的发展。如果人类还不采取行动，世界人口的 2/3 将在 2025 年面临着用水紧张的风险。

世界水日

为了应对全球性的水危机，1993 年 1 月 18 日，第四十七届联合国大会作出决议，确定每年的 3 月 22 日为“世界水日”，号召大家节约用水，共同面对全人类的水危机。

“节约用水，从点滴做起”的广告随处可见，但却未得到我们的真正重视。人类每天都在肆无忌惮地浪费大量的水。如果我们再没有节制地浪费水资源，恐怕以后再高的科技也难扭转缺水这一恶果，最后的一滴水真将是我们的眼泪！

是谁在加剧水环境的恶化？

如今，生态环境已被我们人类的活动无情地破坏，其中尤以水的污染最为突出。目前，我国北方许多大中城市因缺水造成工厂停产，年产值损失巨大；南方一些城市也陆续出现水荒。全国 600 多座城市中，有 400 多个城市存在供水不足问题，其中严重缺水的有 108 个，缺水量约为 1000 万吨 / 天。几百万人生活用水紧张……然而面对“滴水贵如油”的水资源，人类对它的浪费和污染却也是令人触目惊心的。据统计，全世界污水排放量已达到 4000 亿立方米，使 5.5 万亿立方米水体受到污染，占世界径流总量的 14% 以上。

人们通常所说的水污染主要是由人类活动产生的污染物造成的，它包括工业污染源、农业污染源和生活污染源三大部分。

工业废水是重要污染源，具有量大、面积广、成分复杂、毒性大、不易净化、难处理等特点。它所含的污染物因工厂种类不同而千差万别，即使是同类工厂，生产过程不同，其所含污染物的质和量也不一样。除了工厂排出的废水直接注入水体会引起污染外，固体废物和废气也会污染水体。据 1998 年中国水资源公报资料显示：这一年，全国废水排放总量共 539 亿吨，其中，工业废水排放量为

409 亿吨，占 69%。

农业污染的重要原因是近年来农药、化肥的使用量日益增多，而使用的农药和化肥只有少量附着或被吸收，其余绝大部分残留在土壤和漂浮在大气中，通过降雨，经过地表径流的冲刷进入地表水和渗入地表水形成污染。

生活污染源主要是城市生活中使用的各种洗涤剂和污水、垃圾、粪便等，多为无毒的无机盐类。生活污水中含氮、磷、硫多，致病细菌多。据调查，1998 年中国生活污水排放量为 184 亿吨。

目前，中国每年约有 1/3 的工业废水和 90%以上的生活污水没有经过处理就直接排入水域，导致 90%以上的城市水域遭到污染。在全国监测的 1200 多条河流中，目前 850 多条受到污染，各类珍稀动植物绝迹并直接威胁着人类的生存。所以，合理开发利用水资源及减少水体污染成为人类当前刻不容缓的事情。

延伸阅读

中国水周

1988 年《中华人民共和国水法》颁布后，水利部即确定每年的 3 月 22～28 日为“中国水周”（1994 年以前为 7 月 1～7 日）。它是为了进一步提高全社会关心水、爱惜水、保护水和水忧患意识，促进水资源的开发、利用、保护和管理。

饮用水源的污染

根据研究表明：全球有 1/10 的疾病是可以通过安全饮水得到改善的。如果我们每个人都喝上安全的水，每年就可以防止 140 万个儿童死于腹泻病，50 万人死于疟疾，86 万儿童死于营养不良，500 万人因为淋巴丝虫病而致残，500 万人因为沙眼而致残。所以，饮用水源的安全问题关系到我们身边每一个人的健康和生命安全。

造成饮用水源污染的原因有以下几个方面：

1.农业面源污染。我国耕地面积辽阔，人类为了提高农作物的产量，大量地使用农药化肥，而落后的施肥技术使得氮、磷、钾用量比例失衡，有效利用率低，造成严重的农业面源污染。农药在径流区虽然使用量低，但使用高毒、高残留农药的现象比较严重，影响了河流水质，给水资源造成了严重的污染。

2. 我国大面积的水产养殖污染严重。据统计，大量的养殖户为了追求经济效益，加大养殖密度，扩大养殖面积，延长养殖周期，大量地使用强化鱼饲料，使水体富营养化，催生高密度的藻类和浮游生物，导致水体中溶解氧含量下降，从而造成局部区域的富营养化，浮藻、水草丛生，严重污染了水资源。

3.部分工业、生活污染。随着人口和经济的迅猛发展，人类受利什么是饮用水源?

饮用水源是指提供城镇居民生活及公共服务用水(如政府机关,企事业单位,医院,学校等用水)取水工程的水源地域,包括河流、湖泊、水库、地下水等。

益驱动,大多数的企业仍然违规使用不符合规定的污水处理设施,私设地下排污口,超标排放,偷排漏排。此外,沿河、湖的一些乡镇、农村部分居民的生活污水未经处理,也直接排入湖体,对水质造成了一定的影响。

通过对集中式饮用水水源地的水质调查显示,饮用水水源水质安全依然面临威胁,有 1/4 左右的水源地存在污染物超标现象。要真正实现让人类喝上放心水的目标,就要从源头抓起,“切实保护好饮用水源”。而要保护好水源,就必须在做好废、污水处理的同时,严防建设项目对水源地造成破坏。

地下水污染告急！

水是生命之源。科学研究证实，人只要有水，20 天不吃食物也不会饿死，但如果没有水，3～7 天就会因脱水而死。

地下水是水资源的重要组成部分，在过去的几十年内，为满足不断增加的用水需求，中国的地下水开采量以每年 25 亿立方米的速度递增，占到我国水资源总量的 1/3。而根据中国地质调查局的相关专家统计，我国有 90%的地下水遭到了不同程度的污染，其中 60%污染严重。每年约 1 亿 9000 万人因地下水污染致病，6 万人死亡。这意味着我们的生命之源正在遭受着史无前例的巨大破坏。那么，这巨大的破坏源自何处？

我国地下水污染大致划分为以下四个类型：一是地下淡水的过量开采导致沿海地区的海（咸）水入侵，二是地表污（废）水排放和农耕污染造成的硝酸盐污染，三是石油和石油化工产品的污染，四是垃圾填埋场渗漏污染。其中，硝酸盐污染将成为一个世界性的问题。我国曾对 57 座城市进行调查，地下水氮超标的有 46 座。长期饮用这种被污染的地下水将可能导致婴儿畸形、癌症等疾病的发生。

我国地下水污染的现状如何呢？据中国地质调查局初步调查的结果显示，我国地下水“三氮”污染突出，主要分布在华北、东北、西北和西南地区。淮河以北 10 多个省份约有 3000 万人饮用高硝酸盐水，海河流域受污染的地下水资源量占地下水资源总量的 62%。地下水污染不仅检出的成分越来越多、越来越复杂，而且污染程度和深度也在不断增加。据统计，因天然水质不良导致氟中毒的有 2297.78 万人，患碘缺乏病、克山病的有 567.5 万人，患大骨节病的有 102.5 万人。我国约有 3 亿农村居民正在饮用不符合标准的地下水。

目前，我国地下水污染呈现由点到面、由浅到深、由城市到农村的扩展趋势，污染程度日益严重。如华北地区的主要城市中，仅海河流域水质劣于国家地下水质量标准的水体面积就多达 7 万平方千米。

面对严峻的地下水污染问题，我们应积极行动起来，珍惜每一滴水，采取多种措施，合理利用和保护地下水资源。

各国如何节水?

联合国水资源会议曾郑重向全世界发出警告:“水,将成为石油危机之后的下一个社会危机。”中国是一个严重干旱缺水的国家,人均水资源拥有量不到世界人均水平的 1/4,被列为世界 13 个主要缺水国家之一,水资源短缺已成为制约我国经济和社会发展的重要因素。那么,其他国家有哪些值得我们学习的节水奇招呢?

法国的节水措施

法国 1919 年 10 月 16 日颁发了《水法》,将全国水资源按流域明确分为六大流域,建立了六个流域机构,并通过实施“谁污染谁付费、谁用水谁付费”的原则来对水资源加以管理。

以色列:污水利用力度强大

以色列 2/3 的土地为沙漠,水资源严重不足,这也促使以色列在水处理的技术上始终处于世界领先水平。以色列目前的污水回收利用率是创记录的 75%。以色列每年将 2 亿多立方米处理过的中水用于农业灌溉，并积极开发咸水灌溉技术。

英国：节水从刷牙做起

英国环境署发起了一项名为《水需求管理》的计划，定时免费向公众提供节水信息。“要节水，首先要知道使用了多少水”是英国环境署经常提及的节水口号。

埃及:减少水稻种植

近年来受人口增长和经济发展的双重影响，埃及人均拥有水量急剧下降。埃及政府决定开始减少水稻种植，改种甜菜，因为种植同样面积的甜菜只需 1/3 的水。

新加坡:家庭水费高政府将警示

新加坡的居民，如果水费超过同等规模家庭的平均用水量，那么在收到水费账单的同时，政府也会派专业人员对其进行节水知识辅导并给其家庭免费安装节水水龙头。

德国：雨水利用绝招多

作为世界上雨水利用最先进的国家之一，德国的雨水用途很广泛。除了建造水景观外，收集到的雨水进入蓄水池进行再处理后，还被广泛用于冲刷厕所、洗涤衣服、浇灌花园草地、部分工业用水、空调冷却用水、清洁道路，等等。

水的实验

大家想过超市里出售的矿泉水、纯净水和家里的自来水有什么不同吗？我们做一个实验，来检测三者的区别。

问题：自来水、矿泉水、纯净水有什么差别？

材料：烧杯、透明皂、蜡笔、直尺、pH 试纸、量筒、自来水、矿泉水、纯净水。

实验步骤：

第一阶段

1. 把水的实验记录表抄到笔记本上。

2. 找 3 个烧杯，分别装入 100 毫升自来水、矿泉水和纯净水。并且贴上标签。

3. 把烧杯放到电热炉上加热，蒸发至剩下约 20 毫升。

4. 等烧杯冷却后，观察这三种水，看看哪一种最浑浊，并且记录下来，填入表格。

第二阶段

1. 找 3 支试管，分别装入三种水，贴上标签。

2. 用 pH 试纸测试三种水的 pH 值，记录下来，填入表格。

第三阶段

1. 取一些透明皂，用纯净水将其溶化。

2. 重新找 3 支纯净的试管，分别加入三种水，贴上标签。

3. 在试管中各加入 0.5 毫升肥皂水，塞上试管塞。

4. 上下摇晃 30 次，用尺子量试管中肥皂泡的高度，并把测量记录填入表中。

第四阶段

品尝三种水的味道，并记录在表中。

分析与结论：

1. 观察记录表，就浑浊程度这一项做比较。

2. 观察它们的 pH 值大小。

3. 观察肥皂泡的高度。

4. 比较它们的味道。

分析：水质的好坏都有哪些标准，哪些水最适合日常生活用水。

水的实验记录表

水的分类 / 实验项目	自来水	矿泉水	纯净水
浑浊			
pH 值			
肥皂泡高度			
味道			

●共同爱好

我们有共同的
爱好。

都喜欢到海边
游泳。

不过，好
可惜……

我们这个城市没
有海。

●游玩

你不是去三峡水
库旅游了吗？

是啊，已经回来
了。

三峡水库好
玩吗？

不知道。我是
在宾馆玩了两
天电脑。

●卖东西

三峡水库太好玩了！

那里人山人海，游玩的人特别多！

那么多人啊！那我要赶紧去三峡水库！

趁人多，赶紧去卖东西！

●不认识

你知道京杭大运河吗？

不知道。

那你知道隋炀帝吗？

就是挖了京杭大运河的那个家伙吧！

第7章 鱼儿在哭泣

水生动物和水的关系最密切，特别是鱼类。它们生活在水中，时时刻刻离不开水，一旦水体受到污染，对它们的影响也是最大的。保护地球，保护水体，别让我们的鱼儿哭泣。

探索水污染对生物的影响

课题目标

开动大脑，用智慧找出水污染对生态平衡的破坏作用，了解人类对海洋、河流、湿地等生物的生活环境的破坏，以及最终这些恶果又是如何反馈到人类身上的。

要完成这个课题，你必须：

1.和家长、老师或者好朋友一起合作。

2.知道生物和环境的关系。

3.提出保护生态环境的合理建议。

4.身体力行，和朋友们一起做环保小卫士。

课题准备

你可以通过网络、书籍、音像等途径，了解生物和环境的关系。

检查进度

在学习本章内容的同时完成这个课题。为了按时完成课题，你可以参考以下步骤来实施你的计划。

1.查出生物和环境的关系。

2.了解生活在水中的生物。

3.列出由于人为破坏生存环境而濒临灭绝或者已经灭绝的水生生物。

总结

本章结束时，与你的同学一起，向家长和其他人宣传保护水体的重要性。

海洋——天然的垃圾倾倒场

我们知道，海洋的面积占地球面积的71%，它在整个地球的物质循环和能量流动中有着不可取代的作用。可是，我们却将海洋变成了人类的垃圾场和污水池：不断地向海洋中倾倒各种各样的垃圾，没日没夜地向海洋排放大量生活污水、工业废水，油轮泄漏使得附近海域变得乌黑一团……蓝色的海洋正在遭受污染，已经变得伤痕累累了。

目前，世界上最严重的海洋污染是海洋石油污染，也叫“黑色污染”。它是石油及其炼制品（汽油、煤油、柴油等）在开采、炼制、贮运和使用过程中进入海洋环境而造成的污染。有人初步估算，全世界每年流入大海的石油就有1000万吨。石油对海洋生物的危害相当大。据测算，1吨石油进入海洋后，会使1200公顷的海面覆盖一层油膜。油膜阻碍了大气与海水之间的能量交换，阻止了海洋对大气中二氧化碳的吸收，增加了发生温室效应的几率；海洋上存在的油膜会减弱进入水中的太阳能，从而导致海洋中的大量藻类和微生物死亡。

赤潮是海洋污染中的另一种典型污染，与海水富营养化有关。在特定的环境条件下，海水中的某些浮游生物或细菌大量增长或高度聚集，使海水变色从而形成赤潮。据不完全统计，我国沿海自1980年以来共发生了300多次赤潮，其中1989年发生的一次持续达72天，造成经济损失4亿元。

延伸阅读

1991年，海湾战争造成了世界上最大的原油泄漏事故。由于战争破坏了海港旁边的油库，致使100多万吨的原油流到了海湾中。

泄漏的原油在海面上漂浮了厚厚的一层，海水掀不起波浪，像厚厚的泥浆涌动着，附近的海鸟身上沾满了石油，飞也飞不动，只能待在海滩上等死。海豚、海龟、虾、蟹以及鱼类都被毒死或窒息而死。

人类把海洋当作天然的垃圾倾倒场。

据20世纪90年代初的一项统计，上海每天排出污水537万吨，其中80%未经处理直接流入东海。胶州湾沿岸，1000多家工厂每年排放的污水总量达1000余万吨，使素有“黄海明珠”之称的胶州湾沿岸污浊不堪，金色沙滩不再，满目所见都是造纸厂流出的浆液、黑色泥坑及暗灰色的海滩。

除此之外，污染海洋的物质还包括重金属污染、放射物质污染和农业污染等几个方面。人类为了满足自己的欲望，肆无忌惮地开采、开发海洋资源，把海洋当作了一个天然的垃圾倾倒场。

昔日的河流

延伸阅读

1994 年,淮河上游突降暴雨,由于水库的压力太大,就采取了开闸放水的方式泄洪。蓄积了一个冬天的 2 亿立方米水被放下来之后,河面上密布了厚厚的一层泡沫,死鱼死虾漂浮在河面上,下游的居民生活饮用水都成了问题,很多人喝了净化过但不达标的淮河水之后,先后出现了恶心、腹泻、呕吐等食物中毒症状。这是新中国成立以来最大的河流污染事件。

"青山碧水"是同学们常用的赞美河流的词语,然而,昔日清澈可见的小溪,奔腾不息的黄河逐渐被垃圾、泥沙、恶臭掩埋,"河流污染"的词汇频频出现在我们对河流的描绘之中。同学们知道为什么清澈见底的河流变得黑臭了呢?

据统计,我国拥有 5000 多条流域面积在 100 平方千米以上的河流,绝大多数已经遭受到程度不同的水污染侵害,包括长江在内的七大水系无一幸免。而造成这个恶果的原因是多方面的。

污水排放及处理的严重滞后,肆意地倾倒垃圾

大量污水排放和垃圾倾倒的结果使得河流中的污染物(特别是有机污染物)浓度急剧

升高，污染物在生物及化学分解过程中大量消耗河流中的溶解氧，使得整个河流处于严重的厌氧发酵状态。而随着人口的迅速增加和人民生活水平的日益提高，生活污水产生量大幅度增长。尤其是近年来，城市生活污水和工业废水排放量的比例已接近持平。但是，城市污水处理厂的建设远远不能适应经济社会发展的需要。

大量的面源污染问题尚未找到解决途径

随着农村经济的发展，农药、化肥、畜牧养殖污染面随之扩大。农药大量流失，造成严重的水体污染；大量化肥流失，进入河流、海洋、湖泊，成为水体面源污染的主要来源。同时，由于大量化肥的使用，使农村畜禽粪便的农业利用减少，畜禽粪便的还田率只有30%，大部分未被利用。而且未经处理便被直接排入江河湖海。同时，作为农村经济的重要组成部分，乡镇企业的发展一直是困扰农村环境的一大难题，乡镇企业排污量的急剧增长，也是造成河流污染的主要因素。

那么，如何防治河流黑臭呢？根本的措施在于控制污染，这就要求我们：首先，彻底杜绝把河流当成排污沟、垃圾倾倒场的恶劣行为；其次，帮助已经黑臭的河流实现净化和恢复。

谁是消灭湿地的“杀手”？

当湿地对于大多数国人来说还是一个陌生的概念时，它却早已悄悄地融入我们的生活，并且无处不在。小到一块稻田，大到海岸线上的潮间带，枯水和丰水交替的河滩潮滩，等等。尽管湿地只覆盖了地球表面6%的面积，但却为地球上20%的已知物种提供了生存环境。然而我们发现，湿地正在一片一片地消失。湿地为什么会消失，谁又是湿地消失的罪魁祸首呢?

下面我们来介绍一下湿地减少的原因。

农业开垦和过度放牧

随着人口增长以及人们改善生活质量的迫切需求，人类大面积的围垦使大量的湿地丧失。加之一些畜牧业发展过快的地区过度放牧，导致湿地植物多样性丧失，破坏了湿地生态系统的良性循环，导致其生态功能降低或丧失。

农业活动和灌溉

农业活动产生的大量化肥、杀虫剂及动物垃圾，通过径流进入湿地，造成湿地富营养化，灌溉沟渠使湿地接收灌溉排水，从而加重了湿地的污染程度。农药通过径流进入湿地，再加上大气沉降，导致其在鱼类和其他水生生物体中进行生物富集，人类食用了这些鱼类，也将对健康造成极大的危害。

延伸阅读

中国最大的湿地是拉萨拉鲁湿地，总面积约6.2万平方千米，平均海拔3645米。这里气候湿润、风景优美、水草丰甘，每年都有非常多的赤麻鸭、黄鸭、西藏毛腿沙鸡、斑头雁、棕头鸥、戴胜、百灵和云雀等各种野生鸟类，还有国家一类保护动物黑颈鹤在这里栖息。1999年拉萨拉鲁湿地被批准为自然保护区，是拉萨清新空气的重要来源地，是拉萨的“大氧吧”。

城市化的扩张

城市化是湿地丧失和退化的另一个主要原因。随着城市建设的扩张，大量工业废水、废渣、生活污水和化肥、农药等有害物质被排入湿地。这些有害物质不仅对生物多样性造成严重危害，而且对地表水、地下水及土壤环境造成影响，使水质变坏，寄生虫横行。再加上修建的道路、停车场等，因其不透水而阻止了降水渗透进土壤，而降水却将城市中的各种垃圾和污染物带入城市径流和湿地。

人类为了满足某些需求，如人口增加需扩大耕地，扩展城市，发展工业、旅游、交通等，便砍伐森林、开垦湿地，使得中国71%的湿地受到人类活动的威胁，39%的湿地将受到日益严重的威胁。湿地的退化、消失给人类带来的教训是惨重的：蓄洪能力减弱、珍禽灭绝以及巨大的经济损失使人类醒悟过来，认识到湿地资源保护区的重要性和迫切性。

谁敲响了咸海的丧钟？

咸海是一个位于中亚的内流咸水湖，千百年来像母亲一样用自己的乳汁滋养了中亚大地，养活了沿岸几千万居民。咸海在全盛的时候，曾经是中亚第一大咸水湖、世界第四大湖，面积近 7 万平方千米。然而，这个昔日号称世界第四大内陆水体的海洋湖，今天却令人惨不忍睹，被联合国称为“20 世纪最大的灾难”。据专家预测，按照现在的沙漠化速度，曾碧波万顷的咸海不久将向地球说“拜拜”。那么，这样的生态危机是什么原因造成的呢？20 世纪中期，当时刚成立的苏维埃政府大规模实施“棉花计划”，使原先一片荒芜的土地上出现了 660 万公顷的棉田。为了满足灌溉需要，每年有 20～60 立方千米的水从阿姆河和锡尔河改道，流向咸海附近的沙漠地区。

20 世纪 60 年代，咸海的水平线以每年 20 厘米的速度下降；70 年代，这个速度达到了每年 50～60 厘米；到了 80 年代，则达到了每年 80～90 厘米。1980 年，水位的下降暴增至每年 80～90 厘米。然而，这个时期苏联的

棉花产量却达到世界棉花产量的 20%，其中 95%的棉花都来自这一地区。时至今日，乌兹别克仍是一个棉花出口大国。

与此同时，由于气候持续干旱，环境进入恶性循环，导致湖面水位下降、湖面面积急剧下降和湖水盐度增高。湖水含盐浓度大幅度增加，湖中的鱼类几乎绝迹，靠鱼类为生的鸟类和动物自然消失。湖边盐沙肆虐，植物枯萎死亡，造成食草动物、食肉动物的食物链土崩瓦解。这样的生态灾难，已经迫使咸海接近于生物的“死亡之海”。

咸海的变化给周边地区带来了难以想象的生态灾难：1975 年 5 月，咸海东北沿岸强风暴出现的地表面积达 4800 平方千米。1979 年 5 月 6 日的沙尘云面积为 45000 平方千米，沙尘总量为 100 万吨。裸露的湖底成了沙尘和盐粒的源生地，在风力的作用下，大量盐分形成“白沙暴”，使周边农田盐碱化程度迅速加剧。更为严重的是，高浓度的盐分与有害物质对居民的健康造成了严重损害，锡尔河下游的克孜勒奥尔达市，儿童患病率日益增加。

咸海的灾难是人为导致水危机的典型，而 20 世纪 60 年代初建成的卡拉库姆运河更是成为了敲响咸海丧钟的罪魁祸首。

咸海

咸海位于哈萨克斯坦和乌兹别克斯坦之间，面积 5 万余平方千米，平均水深 13 米，最深处水深 64 米。历史上咸海海拔 53 米，南北最长 435 千米，东西长 290 千米，面积 68000 平方千米，平均深度 16 米，在西海岸外最深处达 69 米。有中亚两大内流河阿姆河（现注入北咸海）和锡尔河（注入南咸海）注入。20 世纪 60 年代初，湖面海拔 53 米，面积 6.45 万平方千米。

生活中节约用水小窍门

延伸阅读

为了节约用水，科研人员发明了节水型洗衣机。这种洗衣机不需要用水洗衣服，而是利用超声波把衣物上的脏东西“轰炸”下来，同时还有电解水装置，电解出氢离子和氯离子，来帮助洗衣物。这种洗衣机可以节省35%的水。

树立节水意识

要树立爱惜水资源的意识和行为习惯，开展水资源警示教育。长期以来，大多数人普遍认为水是取之不尽，用之不竭的“聚宝盆”，使用中挥霍浪费，不知道珍惜。其实，地球上水资源并不是用之不尽的，尤其是我国的人均水资源量并不丰富，地区分布也不均匀，而且年内变化莫测，年际差别很大，再加上污染严重，造成水资源更加紧缺的状况，饮用水源更是来之不易。所以让我们“从我做起，从一点一滴做起”，做到节约用水并且当好义务节水宣传员。

查漏塞流

要经常检查家中自来水管路，防微杜渐，不要忽视水龙头和水管接头的漏水。发现漏水，要及时请人或自己动手修理，堵塞流水。一时修不了的漏水，用总节门暂时控制。关好水龙头，把水龙头的水门拧小一半，漏水流量自然小了，同样的时间里流失的水量也减少了一半。

推广节水器具

水是生命之源，节水势在必行。而要节约用水，除了要强化市民的节水意识和节约用水的行动外，推广应用节水用具也是一个重要的方法。节水器具种类很多，节水型水箱、节水龙头、节水马桶等都可以作为我们生活中的节水用具。

一水多用

据统计，目前我国每年因缺水造成农业减产 750 亿～1000 亿千克，工业损失约 2000 亿元。既然水源如此缺乏，我们就应该养成节约用水的好习惯，尽量做到一水多用。日常生活中我们可以摸索出很多一水多用的办法。如：洗菜、淘米水可以用来洗碗筷、浇花、供家畜饮用；洗衣后的清水可用来洗车或打扫庭院；洗衣水、洗脸水、洗澡水均可用来洗抹布、拖把、冲洗厕所。此外，养鱼的水还可浇灌花木，促进花木生长。国外一些环保型建筑，能把落在屋顶上的雨水收集起来，再用于浇花或清洁房间。

认识湿地生物

1. 黑颈天鹅，南美洲的一种珍稀鸟类。黑色的脖颈及嘴部，红色肉瘤是它显著的特征。它坚守“一夫一妻”制，是十大“爱情鸟”之一。

2. 丹顶鹤，鹤类中比较美丽的，通常大多数是白色的，头顶鲜红，颈、脚是黑色的。分布于中国的东北、内蒙古东部，俄罗斯乌苏里江岸东，朝鲜，韩国和日本北海道等。

3. 白暨豚，仅产于中国长江中下游流域，喜欢群居，性情温顺。它是恒温动物，用肺呼吸，被称为“水中的大熊猫”。

4. 大马哈鱼，在江河淡水中出生却在海水中长大，是肉食性鱼类，本性凶猛，以捕食其他鱼类为生。中国黑龙江畔盛产大马哈鱼，是“大马哈鱼之乡”。

5. 鲟鱼，世界上现有鱼类中体型大、寿命长的鱼类，素有“水中活化石“之称。

世界性水污染事件

淮河水污染事件

1994年7月，淮河上游的河南境内突降暴雨，颍上水库水位急骤上涨超过防洪警戒线，于是开闸泄洪，将积蓄于上游一个冬天的2亿立方米水放了下来。经过之处，河水泛浊，河面上泡沫密布，鱼虾遭殃。下游一些地方居民饮用了虽经自来水厂处理，但却未能达到饮用标准的河水后，出现恶心、腹泻、呕吐等症状。经取样检验证实上游来水水质恶化，沿河各自来水厂被迫停止供水达54天之久，百万淮河民众饮水告急，不少地方花高价远途取水饮用，有些地方出现居民抢购矿泉水的场面。

骨痛病事件

1955～1972年，日本富山县神通川流域两岸附近的电镀厂、蓄电池制造厂及熔接工厂因采矿工业含镉的废水污染了神通川水体，两岸居民长期饮用含镉的河水，食用浇灌了含镉河水生产的稻谷，骨骼严重畸形、疼痛，身长缩短，骨脆易折，这种病被称为“骨痛病”。

化工厂事件

1986年，位于莱茵河上游的瑞士巴塞尔市桑多兹的化工厂仓库失火，有近30吨硫化物等多种有毒化学物质流入莱茵河，其影响达500多千米。靠近河岸的自来水厂关闭，啤酒厂停产，有毒物质沉积于莱茵河底，莱茵河因此而“死亡”了20年。

金矿事件

2000年，罗马尼亚边境城镇奥拉迪亚一座金矿泄漏出的氰化物废水，流到了南联盟境内。毒水流经之处，所有生物全都在极短时间内暴死。流经罗马尼亚、匈牙利和南联盟的欧洲大河之一的蒂萨河及其支流内80%的鱼类完全灭绝，沿河地区进入紧急状态。

●死海之死

你知道死海是怎么死的吗？

我不知道。

这么简单的问题你竟然不知道？

难道是被打死的？

●海的颜色

谁知道海水是什么颜色？

老师，是黄色的。

我昨天去了海边。

那是个阴雨天，天是灰色的，海是黄色的……

●考零分

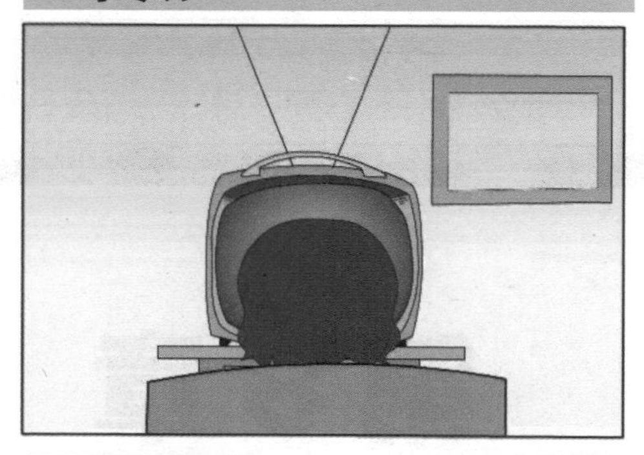

你怎么考了零分啊？

一定是没有好好学习。

我又没去过大海，怎么会知道海是什么颜色的啊！

●手机

看，这手机漂亮吧。

一定很贵吧？

多少钱？

那是他从水沟里捞的！

第8章 水危机来了

自然灾害、经济异常或者突发事件发生时，会对正常的水供给造成较大的压力，人们把这种情况称为水危机。根据科学家的研究，当一个国家的用水超过其水资源可利用量的20%的时候，就有可能发生水危机。

水危机来了，我们该如何应对呢

课题目标

找到应对水危机的方法，查出造成水危机的元凶，提出你的解决办法。

要完成这个课题，你必须：

1.了解水危机事件。

2.查出造成水危机的原因。

3.提出你的应对办法。

课题准备

可以与你的好朋友上网了解相关知识，查阅水危机事件，寻找造成水危机的原因。

检查进度

在学习本章内容的同时完成这个课题。为了按时完成课题，你可以参考以下步骤来实施你的侦探计划。

1.列出水危机的表现。

2.了解水危机的影响。

3.针对水危机，提出自己的见解。

总结

本章结束时，可以向当地环保部门写信，提出你的建议。

明天我们喝什么？

你知道吗，水资源危机已经成了全球最为关心的问题之一。全球约 11 亿人喝不上干净的饮用水，每年有 310 万人死于饮用不洁饮用水引发的相关疾病；全世界用不上基本卫生设施的人有 26 亿；发展中国家的妇女或儿童每天平均需要步行 6 千米，到住地之外的地方去取水……这些令人触目惊心的数字，不得不让我们每个人深思：明天我们喝什么？

延伸阅读

缺水会怎样？

人体失水若占体重的 2%时，表现为口渴，尿少；人体失水占体重 6%时表现为口干，少尿，心情烦躁；人体失水占体重 7%以上时，表现为狂躁，眼眶下陷，皮肤失去弹性，起皱，全身无力，体温、脉搏增加，血压下降；若失水超过体重 20%就会死亡。

北美——4100 万人每天喝“药水”

北美的淡水资源占全世界淡水资源的 13%，但有时还是会感到水资源不足的压力。作为北美主要水源的冰川和积雪地正在萎缩。某些城市存在供水紧张、饮用水存在安全隐患的问题。南美洲拥有全球 1/4 的水资源，而南美大陆的人口仅占世界人口的 1/6，但南美洲森林面积一直在缩小，水资源因此也受到严重威胁。

欧洲——1 亿人缺乏安全饮用水

根据联合国欧洲经济委员会日前发表的公报，欧洲约有 1 亿多人缺乏安全饮用水,欧洲及全球其他地区必须对水问题予以高度重视。

非洲——1/3 人口缺乏饮用水

由于受到全球气候变暖的影响,非洲的河流面临着极大的威胁,这将导致 1/4 的非洲大陆在 21 世纪末处于严重的缺水状态。非洲目前 1/3 的人口缺乏饮用水,而有近半数的非洲人因饮用不洁净水而染病。

大洋洲——地广人稀水也稀缺

澳大利亚 2002 年经历了百年一遇的干旱,此后旱情有所缓解,但从 2006 年开始,干旱再次光顾。所以,即便在地广人稀的澳大利亚,水也是一种稀缺的资源。

亚洲——恒河入污染最严重之列

水污染、洪灾和旱灾已成为南亚面临的三大与水有关的“灾害”。印度的生活用水质量在全球被评估的 122 个国家中排名倒数第三,每天有 200 多万吨工业废水被直接排入河流。当地居民饮用和烹饪时使用受污染的地下水已经导致了许多健康问题。水污染严重影响老百姓的健康。流经印度北方的主要河流——恒河已被列入世界污染最严重的河流之列。

这些令人痛心的数字,让我们感受到了水资源的珍贵。就让我们每个人从点滴做起,别让人类的最后一滴水成为我们的眼泪。

是谁让沙漠如此嚣张？

“天苍苍，野茫茫，风吹草低见牛羊”。每当提起北方美丽的大草原，人们总是要吟唱这首南北朝时期的民歌。然而，当我们再次听着这首熟悉的歌声重新走进曾经让人心驰神往的大草原，我们的心却在一步步地收紧。沙漠，离我们是近还是远？

据统计，中国荒漠化面积有262.2万平方千米，占国土面积的27.3%，每年还在以2460平方千米的速度扩大，遍布东经74°～119°、北纬19°～49°的广阔空间，涉及18个省、471个县（尤以西北及内蒙古6省区最为严重，占全国荒漠化面积的71.1%）。受荒漠化影响，全国40%的耕地在不同程度地退化，其中800万公顷危在旦夕，1.07亿公顷草场也是命悬一线。近4亿人受着荒漠化的影响，每年造成的经济损失多达541亿元，相当于西北5省3年的财政收入。

尽管中国从来没有停止过对荒漠化的治理，但由于种种原因，中国土地荒漠化扩大的趋势还在继续。20世纪50～70年代，中国荒漠化土地平均每年以1650平方千米的面积在扩大。80年代以来，荒漠化土地面积平均每年扩大2100平方千米，每天就有5.6平方千米的土地荒漠化！由于荒漠化，西北地区沙尘暴天气越来越早、越来越频繁，强度也越来越大。1998年4月18日发生在新疆的特强沙尘暴，遮天蔽日，飞沙走石，所到之处如黑夜一般，风沙过后除了满地黄沙一无所有，直接损失多达

延伸阅读

黄土高原现状形成的人为因素：在历史上，黄土高原的形成跟气候因素密不可分，但是形成现在这种大面积水土流失的现状，跟人类的破坏也密不可分。中国历史上，秦、明、清三代都在黄土高原实行了大规模的屯荒制度，给黄土高原的土地沙化带来了很大的影响。

10 亿元！那么，好端端的土地为什么会荒漠化呢？

地理地貌类型、极少的降水、极端的干旱气候是形成中国沙漠化的罪魁祸首。中国北方的沙漠早在 1.1 亿年以前就已经形成，比较年轻的塔克拉玛干沙漠也有 200 多万年的历史了。被“风吹成的黄土高原”，现今覆盖着广大丘陵、沟壑区的数十米至数百米厚的黄土，也是在 200 多万年前第四纪亚冰期干燥寒冷气象条件下，由发源于西伯利亚冷高压的强大冬季风，从中亚、蒙古高原和新疆等地戈壁、沙漠中携带来的粉沙沉积而成的。

过度开垦、过度放牧、过度砍伐、工业交通建设等破坏植被等人为因素引起沙漠化的现象更为普遍。由一组统计数字可以看出，中国绝大部分（占 95%）的土地沙漠化是人为因素造成的：森林过度采伐占 32.4%，过度放牧占 29.4%，土地过分使用占 23.3%，水资源利用不当占 6%，沙丘移动占 5.5%，城市、工矿建设占 0.8%。

目前，全球土地沙漠化的情况依然严重，每年有 240 亿吨的地表土流失。沙漠化使全球 10 亿人口的生存条件受到严重威胁，1.35 亿人流离失所，每年有 1200 万人因缺水或饮用污水致死。面对触目惊心的荒漠化，为了子孙后代，我们该警醒了：如果荒漠都变成了沙漠，就连亡羊补牢的机会都没有了！

水土流失

从我们的母亲河黄河到河西走廊的“沙尘源”，再到黄土高原的风沙为患，这一幕幕令我们痛心疾首的画面如此真实地呈现在面前时，我们应该扪心自问，难道这就是我们要馈赠给大自然母亲的礼物吗？

严重的水土流失——黄河

众所周知，黄河作为中华民族的摇篮和母亲河，传承着几千年的历史文明。它每年所输送的泥沙达到 16 亿吨，如果把黄河每年输送的泥沙堆成高、宽各 1 米的堤坝，这条堤坝能绕地球 27 圈。然而，目前黄河面临着水土流失面积增大，水资源短缺，水污染严重，断流加剧，土地严重沙漠化的问题，水土流失把黄河“刻画”得满目疮痍。

黄河源区“亮黄牌”

青海省作为长江、黄河和国际河流澜沧江三江源区的重要发源地，因其特殊的地理位置，备受世人关注。然而，近年来由于受全球气候变暖和人为活动的影响，黄河源水土流失面积每年平均新增 21 万公顷，受侵蚀程度日趋严重。目前，黄河源区的土壤侵蚀最为严重，水土流失面积达 750

万公顷，占整个黄河流域水土流失面积的17.5%。每年输入黄河的泥沙超过数千万吨，导致我国三大江河源头地区的生态环境持续恶化，并已亮起了“黄牌”。

河西走廊“沙尘源”

曾以“丝绸之路”闻名于世的“西部金腰带”河西走廊因它厚重的历史而闻名。如今，它正在风沙的威胁下渐渐褪色：处处可见被废弃的村庄，几乎成了沙逼人走，生态失衡的“难民区”。

宁蒙河套“水告急”

俗话说：“天下黄河富宁夏，内蒙河套在其中。”宁蒙河套灌区千百年来自流排灌，取水便利，生活耕作在这里的农民从未因农田缺水而犯愁。然而，随着上游河段生态的日益恶化，黄河上中游持续干旱，出现了历史上罕见的枯水形势，造成宁蒙两大引黄灌区严重的“水荒告急”。

地球赖以生存的物质基础——水资源是维系地球生态环境可持续发展的首要条件，因此，保护水资源、防止水土流失是人类最神圣的天职。

富营养化

“春来江水绿如蓝”是唐代大诗人白居易描绘江南水乡春景的绝句，几百年来一直脍炙人口。从科学原理上解释，这原本是春天两岸碧绿的杨柳在水体中形成的美丽景色，但在人类社会物质文明高度发展的今天，富营养化却成了湖泊、水库等地表水体环境污染、生态破坏的代名词。

我国昆明的滇池、苏州的太湖一直是古人讴歌的美景，然而，它们现在却被黏糊糊、绿油油的水体以及昼夜散发的腥臭所笼罩。科研人员经过调查研究发现，水体的富营养化是导致苏州太湖水体变绿、发臭的根本原因。那么水体为什么会富营养化呢？

化学肥料和牲畜粪便

随着工农业生产大规模地迅速发展，人口集中的城市将大量含有氮、磷等营养物质的生活污水排入湖泊、河流和水库，增加了这些水体营养物质的负荷量。同时，在农村，过量施用家畜粪便，污染了水体。

大气沉降

大气沉降不仅是悬浮颗粒物、有害气体的来源之一，也是氮的来源之一。燃料燃烧时，氮元素以氮氧化物的形式进入空气，随雨雪降落在土壤或水体表面，污染地表水源。

水体人工养殖

许多水体既是水源地，又是人工养殖的场所。随着养殖业的发展，人工投放的饵料，以及鱼类的排泄物给水体带来的大量氮磷成为水体富营养化的又一来源。

科学研究表明，在处于严重富营养化污染状态的淡水湖泊、水库中生长的优势生物是一类被称为蓝藻的低等生物，过度繁殖的蓝藻会在水体表面聚积成团或块，俗称“水华”或“水花”“藻华”。它不仅破坏水体生态系统原有的平衡，也对经济发展和人类健康造成极大的危害。

什么是富营养化？

富营养化通常是指水中的磷、氮等营养物质过多，促使藻类过快生长，大量消耗水中的氧气，导致鱼类、浮游生物因缺氧而死亡，它们的尸体腐烂后又造成水质污染，使生态环境恶化。

海洋对人类的报复——海水入侵

人类与海水的“争地运动”在滨海地区从未停止过。一方面，台风引起海潮暴涨漫没农田；另一方面，村民超采地下水，海水也透过地下的漏空而渐渐侵入土壤。那么，造成海水入侵的主要原因有哪些呢？

有限的地下水资源与日益膨胀的需求间产生了严重矛盾

中国水资源的总体状况是：南方多，北方少，东部多，西部少。中国南方约有占全国68%的地下水量和36%的农地，而北方占全国64%的农地却仅有32%的地下水。以山东滨州为例，山东滨州地下就是一个漏斗，北方几乎每个地下水超采城市就是一个漏斗。超采地下水造成的地下水漏斗群几乎已遍布全国。

华北地下水严重超采，超采率大于150%。像华北地区过去超采的地下水相当于两条黄河的水量。人类超量非法私采地下水曾一度被学界认为是海水入侵的主要原因。因为地下水抽水量超过了它的补给量，导致地下水水位不断下降，低于海水水位，海水与地下水之间的水动力平衡被破坏，导致海水回渗到内陆地下淡水层，就出现了海水入侵。

延伸阅读

你知道海啸来临之前的征兆吗？当海啸即将来临时，海水会忽然退落，露出海底的鱼、虾、蟹、贝等。当注意到海洋动物纷纷在海滩上挣扎，深海鱼类浮上海滩等现象时，大家应该准备好急救包，带上药物、饮用水等其他必需物品迅速跑到高处较为安全的地方。

气候变暖“助纣为虐”

全球气候变暖，导致我国沿海地区海平面不断上升，带来了一系列沿海水生态问题，包括风暴潮灾害加剧、咸潮频繁侵袭、海水入侵地下淡水层、土地盐渍化，等等。根据有关部门统计，近 30 年来中国沿海海平面总体上升了 9 厘米，总体趋势为“北高南低”。未来中国沿海海平面的上升趋势还将进一步加剧。

由于全球气候变化的影响，中国北方气候变暖，降水量逐年减少。大气降水补给地下含水层的趋势减少，加上超量开采地下水导致了严重的海水入侵灾害。据国家海洋局监测结果，我国辽东湾和莱州湾滨海地区海水入侵面积大、盐渍化程度高。辽东湾北部及两侧的滨海地区，海水入侵的面积已超过 4000 平方千米，其中严重入侵区的面积为 1500 平方千米。辽东湾的盘锦地区海水入侵最远距离达 68 千米。莱州湾海水入侵面积已达 2500 平方千米，其中莱州湾东南岸入侵面积约 260 平方千米，莱州湾南侧海水入侵面积已超过 2000 平方千米，入侵最远距离达 45 千米。

看图回答问题

动动脑筋,动动手,查查资料,看看书,然后回答下面的问题。

想一想:造成下列景观的自然因素是什么?人类在其中又起到了什么样的作用?

1. 戈壁的形成因素有哪些?

2. 千沟万壑的黄土高原是怎么形成的?

世界水日

起因

水是一切生命赖以生存，社会经济发展不可缺少和不可替代的重要自然资源和环境要素。但是，现代社会的人口增长、工农业生产活动和城市化的急剧发展，对有限的水资源及水环境产生了巨大的冲击。在全球范围内，水质的污染、需水量的迅速增加以及部门间竞争性开发所导致的不合理利用，使水资源进一步短缺，水环境更加恶化，严重地影响了社会经济的发展，威胁着人类的生活。

背景

一切社会和经济活动都极大地依赖淡水的供应量和质量，但人们并未普遍认识到水资源开发对提高经济生产力、改善社会福利所起的作用；随着人口增长和经济发展，许多国家将陷入缺水的困境，经济发展将受到限制；推动水资源的保护和持续性管理需要地方一级、全国一级、地区间、国际的公众意识。

目的

为了唤起公众的节水意识，建立一种更为全面的水资源可持续利用的体制和相应的运行机制，1993 年 1 月 18 日，第 47 届联合国大会根据联合国环境与发展大会制定的《21 世纪行动议程》中提出的建议，通过了第 193 号决议，确定自 1993 年起，将每年的 3 月 22 日定为“世界水日”，以推动对水资源进行综合性统筹规划和管理，加强水资源保护，解决日益严峻的缺水问题。同时，通过开展广泛的宣传教育活动，增强公众开发和保护水资源的意识。

●邀约丑女

盼盼，一起去看《水世界》吧。

好啊，现在就走吗？

我说的没错吧，丑女比较容易约出来。

●世界水日

福
明天是3月22日。

你们知道是什么日子吗？

福
当然知道，是世界水日。

为了省水，以后我们周一、周三、周五刷牙，周二、周四、周六洗脸！

●停水喝什么

给我钱，我去买瓶可乐喝。

喝凉白开水最健康。

要停水了。

停水一周，渴了就喝可乐吧。

●节约用水

现在缺水严重，干什么都要学会节约用水。

好的。

我把公共卫生间大门锁上了！

第9章 拿什么拯救地球之水

人类生活在地球的水圈之内，一举一动都离不开水。但是水资源危机已经给人类的生产生活造成了很大的影响。从现在起，让我们一起来保护我们的水资源。

寻找拯救地球之水的方法

课题目标

在前面几章的基础上，寻找到拯救地球之水的方法，从身边的小事做起，寻找节约水资源的方法。

要完成这个课题，你必须：

1.和家长、老师或者好朋友一起合作。

2.需要了解洗衣机、马桶等的节水标志。

3.提出保护水资源的合理化建议。

4.身体力行，和朋友们一起做节水达人。

课题准备

根据学到的知识，仔细观察生活，想一想如何才能拯救地球上的水，哪些事情是我们力所能及的？

检查进度

在学习本章内容的同时完成这个课题。为了按时完成课题，你可以参考以下步骤来检测自己的学习成果。

1.了解人口增长和水资源之间的关系。

2.为了寻找更多的淡水资源，我们有哪些方法？

总结

本章结束时，向家长讲解节约用水的必要性，提出生活中节约用水的小措施。

控制人口增长

延伸阅读

现今世界上，哪一个国家的人口最多呢？答案是我们的母亲——中国。中国庞大的人口已经达到了13亿，平均世界每6个人中，就会有一个是中国人。这么多的人口给整个社会带来了巨大压力。由于实行了计划生育政策，根据专家估计，中国的人口很快会被印度赶上并超过。

今天我们所面临的所有问题几乎都是人类对生态环境过度开发利用的结果，而人口数量的增加就是人类过度开发利用最主要的推动力。据统计数据表明，预计到21世纪中叶，世界人口将达到90亿~100亿。大量人口要生存和发展就需要更多的食物和水资源。根据联合国有关研究报告显示：过去50年间世界人口的持续增长和经济活动的不断扩展对地球生态系统造成了巨大压力，人类活动已给地球上60%的草地、森林、农耕地、河流和湖泊带来了消极影响。近几十年来，地球上1/5的珊瑚和1/3的红树林遭到破坏，动物和植物多样性迅速降低，1/3的物种濒临灭绝。

人口增长和其他因素结合在一起，已经对

整个人类社会构成了严峻挑战。以水资源为例，目前全球至少有11亿人无法得到安全饮用水，26亿人口缺乏基本的卫生条件。在沉重的人口压力面前，经济发展、社会进步与环境保护等人类共同的理想受到巨大威胁。

那么如何来控制人口的发展呢？我们先来看一组数据：目前，亚洲人口每年约增长5000万，非洲、南美洲增长分别约为1700万和800万。如果不及时有效地控制人口增长，人类可持续发展的理想很可能难以实现。非洲的人口增长率达到2.5%以上，为世界之最，而同期欧洲的人口增长率仅为0.03%。从以上数据我们可以看出，越是经济发达的国家和地区，人口自然增长率越低，反之则普遍较高。

所以，要控制人口增长首先应该从发展中国家做起。就这点来说，我们国家则成为了控制人口的表率。从1979年起，我国就开始实行了"计划生育"政策，经过多年坚持不懈的努力，取得了显著成效，始终与发达国家人口增长率保持平衡。因为成功的人口政策使中国成为"可持续性发展"的最大受益者。

重建生态系统

我国不仅是全球生态系统类型最多的国家，也是世界上唯一能够囊括全部陆地生态系统类型的国度。然而，我国生态系统退化严峻，生态破坏也在加剧，如全球变暖、资源枯竭、湿地紧缩、生物灭绝、环境污染等一系列严重的生态系统退化问题，严重威胁人类社会的生存和发展。因此，面对业已破坏的生态环境，人类首先要做的就是如何恢复。不幸的是，这些生态系统都处在不同程度的退化过程中，如众所周知的森林锐减、荒漠化系统。

环境污染和人类活动干扰是造成生态系统退化的外部因素，比如台风、洪水、干旱、人类过度放牧、滥砍乱伐和污染等。就目前而言，人为干扰是造成生态系统退化的主要原因。人与自然处于一种“水火不相容”的状态，自然退化的根本原因不是什么“天灾”，而是实在的“人祸”。如果地球上没有了人，自然生态系统重现生机是不会存在什么问题的。另外，生态系统自身的敏感性与不稳定性是造成生态退化的内在因素。生态系统越稳定，抵御外界干扰的能力就越强。

生态系统一般情况下都具有一定的自我调节作用，经过一定的时间或人类的帮助，很多

生态系统都能逐渐地恢复。通常通过以下途径：如果生态系统受损的程度超过极限时，当人为干扰消除比如禁猎禁渔，生态系统就会慢慢地恢复；如果生态系统受损严重，就必须在人类的帮助下慢慢恢复，比如植树造林、水土保持、污水处理等。

长期以来，人们对待生态系统的态度，就是重建设，轻保护，甚至不愿谈保护，只是一厢情愿地认为它是“取之不尽、用之不竭”的廉价资源，而较少考虑到生态系统对于大量外来力的承受能力。利益的驱动促使人们把生态系统当成能够“赚钱”的场所，一旦这个系统出现问题了，人们又轻易地把退化的原因推向“自然”的一面。所以为了我们的生态环境，让我们从自我做起，创建美好优良的生态系统。

生态系统的类型很多。按范围分，最大的生态系统是生物圈，最复杂的生态系统是热带雨林生态系统。一般情况下，生态系统可分为自然生态系统和人工生态系统。自然生态系统可进一步分为水域生态系统和陆地生态系统，陆地生态系统有荒漠生态系统、草原生态系统、森林生态系统等。

中水回用

我国水资源危机问题十分突出。除人均拥有水量很少、水资源空间分布极不平衡外，水质型缺水成为我国水资源危机的重要问题，而废水回用则是解决我国水危机、控制环境污染的有效手段。

中水回用是指将小区居民的生活废水、污水(沐浴、盥洗、洗衣、厨房、厕所)集中处理后，达到一定的标准回用于小区的绿化浇灌、车辆冲洗、道路冲洗、家庭坐便器冲洗等，从而达到节约用水的目的。

其实，中水回用在我们的日常生活中随处可见，如用洗剂用水冲洗厕所；在工业生产中，利用循环水来冷却机组、设备；农业上，将废水进行各种处理达标后，作为灌溉水源等。

随着国家对水危机问题的日益重视和公众环保意识的提高，近年来我国废水回用事业获得了快速发展。其中，中水工程建设就是一个很好的

例子。中水就是介于上水与下水之间的水。城市里通常将自来水称为给水或上水，而将污水称为排水或下水。这样说来，中水起到了承“上”启“下”的作用，从本质上来说已经成了“废水回用”的代名词，即中水就是经过处理后又回过来重新利用的那部分污水或废水。上水、中水、下水在居民楼或居民小区甚至整个城市里构成了一个人工资源循环利用系统。广义地理解，城市污水处理厂也算是典型的中水工程。

我国在 20 世纪 80 年代末率先在缺水的华北地区开展中水工程建设，并快速发展到全国其他地区。自北京市颁布《中水设施建设管理试行办法》以来，北京市每天回用再生水超过 30 万立方米，再生水回用率达到 15%，再生水管线达到 126 千米。

由此可见，我国的废水回用还有很大的发展潜力，我们应该关注它的发展，从身边小事做起——倡导节约用水、开展一水多用、深化废水回用、重视再生水安全使用。

海水淡化的春天在里？

经过之前对水资源的认识与了解，我们知道世界上淡水资源严重不足，已成为人们日益关注的问题。淡水在地球上本来就十分有限，它占地球总水量的不到 3%，其中约 2/3 囤积在高山和极地的厚厚冰雪中，接近 1/3 深埋在地层里，而真正能被我们利用的淡水，只占地球总水量的 0.26%左右。就是这占有极小份额的淡水资源，也正面临着来自人类的严重污染。

除了节约和保护现有的淡水资源以外，人们自然想到怎样开辟新的更充足的水源，而占地球总水量达 97%的海水理所当然成为首选的目标。海水又咸又苦，既不能喝，也不能用。如果用海水灌溉农作物，会使它们迅速死亡；如果用海水烧锅炉，就会使锅炉壁结成锅垢而影响传热，甚至引起爆炸……因此，若想利用海水，就必须将海水进行淡化处理。

延伸阅读

海水不能喝，仅仅是因为海水很苦吗？其实，海水中含有大量盐分，平均盐密度是 3.5%，高于人体的 4 倍。不仅有氟化钠，还有氯化镁、硫酸钾等，所以又咸又苦。人一旦喝了盐度高的海水，就会大量排尿，使人体丧失大量水分，直到脱水而亡。

海水淡化即利用海水脱盐生产淡水，它是实现水资源利用的开源增量技术，可以增加淡水总量。

当前人们已掌握了几种海水淡化方法：

蒸馏法：把海水加热，变成蒸汽，然后使蒸汽冷却变成淡水。一次蒸馏不行，还可以蒸馏多次。但却要消耗较多的能量。

电渗析法：在各种不同的水（包括天然水、自来水、工业废水）中都有一定量的盐分，而组成这些盐的阴、阳离子在直流电场的作用下会分别向相反方向的电极移动。如果在一个

电渗析器中插入阴、阳离子交换膜各一个，由于离子交换膜具有选择透过性，即阳离子交换膜只允许阳离子自由通过，阴离子交换膜只允许阴离子通过，这样在两个膜的中间隔室中，盐的浓度就会因为离子的定向迁移而降低，而靠近电极的两个隔室则分别为阴、阳离子的浓缩室，最后在中间的淡化室内达到脱盐的目的。

反渗透法：又称超过滤法。是利用一种薄薄的具有多孔结构的“反渗透膜”作为核心部件，在加压条件下，薄膜只让水通过，而把盐类物质拒绝于薄膜外，这样淡水和盐类就被分开了。反渗透技术在我国后来居上，已成为海水淡化的主流技术。

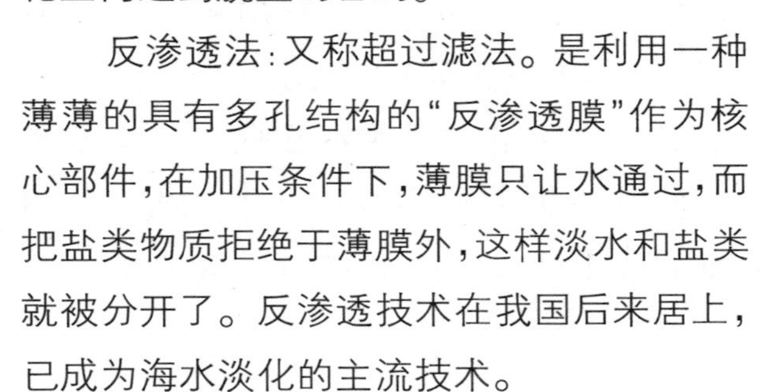

现在世界上有 10 多个国家的 100 多个科研机构正在进行着海水淡化的研究，有数百种不同结构和不同容量的海水淡化设施在工作。大力发展海水淡化技术产业，对缓解当代水资源短缺、供需矛盾日趋突出和环境污染日益严重等系列重大问题具有深远的战略意义。

生活中怎样节约用水？

最近社会上对是否提高水价的讨论比较多，其实不管是否要提高水价，为了环保节能和我们的下一代，我们都要在日常生活中节约用水。

个人清洁节水

每天早晨我们都要洗手、洗脸、刷牙，而正是这极为平常的事情却有着不平常的节水奥秘。据统计，一般水龙头开 1 分钟，就会耗掉 8 升左右的水，洗手、洗脸、刷牙时如果让水龙头始终处于打开状态，那么每洗脸一次就会耗掉 24 升左右的水，若改用脸盆洗脸，每人每次仅用 4 升水左右。以一个三口之家为例，若用脸盆洗脸，每人每次可节约清水 12 升左右。

据有关部门统计分析，居民洗澡用水约占生活用水总量的 1/3。洗澡的方式不同，其耗水的量也不同，多则 100 多升，少则几十升。据统计，淋浴时，其用水量是 120 升左右；如果改用盆浴，不仅能控制水量，浴后的水还可洗衣、冲厕所等，且可节省 80 升水。

厨房节水

在生活中，厨房用水约占家庭全部用水的 1/3。洗菜时，不要在水龙头下直接清洗，而是将菜放入水容器中冲洗，这样每次洗菜可节约清水 5 升左右。还有，把清洗用的最后一道清水收集起来再利用，如：洗菜的最后一道清水可用来清洗碗筷，洗碗的最后一道清水可用来擦洗灶台，等等。以一个家庭每天洗菜 3～5 次计

算，一年下来，其节水量是相当可观的。

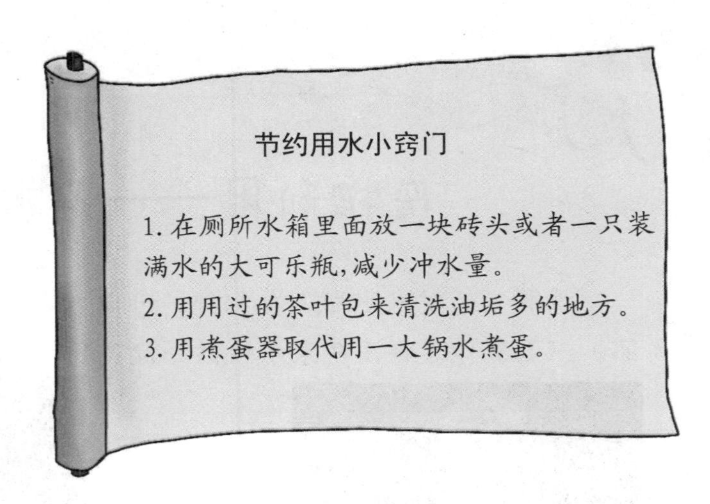
节约用水小窍门

1. 在厕所水箱里面放一块砖头或者一只装满水的大可乐瓶，减少冲水量。
2. 用用过的茶叶包来清洗油垢多的地方。
3. 用煮蛋器取代用一大锅水煮蛋。

洗衣节水

为了节水，集中清洗衣服，减少洗衣次数。衣服尽量不要一件一件地分开洗，小件、小量衣物提倡手洗，可节约大量水。如果用洗衣机不间断地边注水边冲洗、排水的洗衣方式，每次需用水约 165 升；而采用洗涤—脱水—注水—脱水的方式洗涤，每次用水 110 升，每次可节水 55 升，每月洗 4 次，可节水 220 升。漂洗后的水，可以作为下次洗衣的洗涤用水，或用来洗拖把、拖地板、冲厕所。第二道清洗衣物的水可用来擦门窗及家具、洗鞋袜等。

空调节水

空调也能节水。没错，确切地说应该是“造”水。如果我们把排水管引到屋内，接一个水桶，那么空调的滴水问题就解决了，而且水量还很可观：2 小时就可接 1 升水。这些水可用来浇花、洗手、冲厕所等。

废物利用——花瓶的制作

喝剩下的矿泉水瓶不要扔掉，可以自己动手做个实用的家庭装饰品。下面教你怎样用矿泉水瓶做个漂亮的花瓶吧。

1. 将矿泉水瓶上部分剪掉。

2. 在离矿泉水瓶底部 10 厘米处划条线。

3. 将矿泉水瓶从上到下剪成若干细条。

4. 将细条按图示向外压痕。

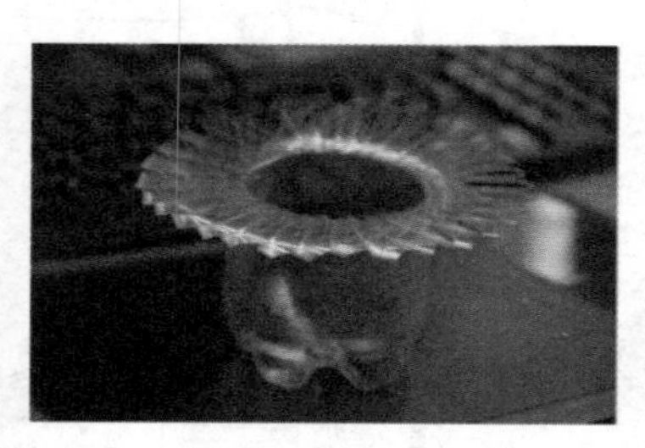

5. 将细条按图所示对折。

6. 倒上水，插上一朵花儿吧！

来做环保达人吧

邀请三四个好朋友，带上大的塑料袋，约个时间一起到公园或者河边捡拾垃圾，做环保达人吧。

出发之前要做好分工：谁负责可回收垃圾的拾取，谁负责不可回收垃圾的拾取，谁负责电池等污染性垃圾的拾取。

拾取垃圾时应注意的事项：

1. 拾取垃圾时请注意个人卫生，最好戴手套、口罩，不要穿凉鞋。

2. 将拾取的可回收垃圾卖给附近的垃圾回收站。

3. 记得写日记，与朋友一起分享做环保达人的快乐。

●刷牙的方法

你刷牙的方法不对，这样很浪费水！

对不起，老师。

那我该怎么刷牙才能节约用水？

刷完不用水漱口！

●节水的方式

节水的最好方式是什么呢？

盼盼是刷牙不漱口！

一路是渴死不喝水！

看来，要节水我要不洗脸才行！

婉转

啦啦啦！

你唱得太
难听了！

你说话这样直
接，太伤人了！

那好吧，你唱得像
犀牛叫一样好听！

移民

福
送你一份
礼物。

福
不过你要先回
答一个问题。

福
什么问题？

火星上有水吗？
我想移民到火
星上去！